Doc Lambacher hilft!
Deine Unterstützung zum Mathebuch
Gymnasium/Gesamtschule
Qualifikationsphase – Grundkurs
Teil 1
NRW

DOC LAMBACHER HILFT!

Deine Unterstützung zum Mathebuch

Gymnasium/Gesamtschule
Qualifikationsphase – Grundkurs

1. Teil
NRW

Doc Lambacher

1. Auflage 2021
© 2021 Frank Pannwitz
Herstellung und Verlag:
BoD – Books on Demand, Norderstedt

1. Auflage 2021
© 2021 Frank Pannwitz
Herstellung und Verlag:
BoD – Books on Demand, Norderstedt

ISBN: 978-3-7543-5277-9

Inhaltsverzeichnis

*Was wirklich zählt, ist
Intuition*

Albert Einstein

Über dieses Buch

Für wen ist das Buch?

Wer schon einen meiner Bände zur EF gelesen hat, weiß es bereits:

Es ist kein Buch für Schüler oder Schülerinnen, die den Mathe-Leistungskurs belegen.

Ich möchte mit der Buchreihe denen **helfen**, die Schwierigkeiten haben, dem Stoff im Unterricht zu folgen und noch etwas „**Nachhilfe**" benötigen.

Worum geht es in diesem Buch?

In diesem Buch beziehe ich mich auf die **NRW**-Ausgabe des Lambacher Schweizer für die **Qualifikationsphase** aus dem Jahr 2015, die bis heute im Unterricht eingesetzt wird (ISBN 978-3-12-735451-5).

Da die Q-Phase bekanntlich über zwei Schuljahre geht, habe ich den Stoff in drei einzelne Bände verteilt. Meiner Meinung nach ist es einfacher, mit dünneren Heftchen zu arbeiten als mit einem 400 Seiten Buch.

In diesem 1. Band besprechen wir die Kapitel I – III (Seiten 6 - 109).

Wir kümmern uns also um:

- Eigenschaften ganzrationaler Funktionen,
- Integral und
- Exponentialfunktionen.

Wie ist das Buch aufgebaut?

Wie in jedem Band, starte ich jedes Kapitel mit einem Überblick der wichtigsten Lerninhalte des jeweiligen Kapitels des Lambacher Schweizer (Dunkelgrauer Kasten). Anschließend wiederhole ich den Stoff des Kapitels.

Anschließend werden ich die Lerninhalte der einzelnen Kapitel anhand von Beispielaufgaben oder Grafiken erarbeiten. D. h., dieses ist kein gewöhnliches Mathebuch, das einfach alles aufzählt, was man lernen musss, sondern wir lernen und vertiefen das Wissen beim Lösen von Aufgaben.

Die Beispielaufgaben, die ich vorrechne und erkläre, ähneln stets den Aufgaben in deinem Mathebuch, damit du weißt, wie du an die Aufgaben herangehen sollst. Am Rand findest du die Seite und Aufgabennummern im Mathebuch, die dem Aufgabentyp entspricht.
Ich habe bewusst nicht die gleichen Aufgabenstellungen gewählt: es ist ja nicht das Ziel, dass ich für dich die Aufgaben rechne, sondern dass du es schaffst, die Aufgaben selbständig lösen zu können. Ich möchte dir jeweils zeigen, wie du an die unterschiedlichen Aufgabentypen herangehst. Dann wird es auch in deiner Mathearbeit klappen!

Zum Festigen des Stoffes würde ich dir zum Abschluss eines jeden Kapitels empfehlen, noch einmal die Erläuterungen des Lambacher Schweizer anschauen. Das Mathebuch enthält in jedem Kapitel gute (wenn auch manchmal recht knappe) Erklärungen des Stoffs.

Ab und zu streue ich ein paar Grundlagen als Wiederholung ein, die dem einen oder anderen inzwischen entfallen sein könnte. Man findet sie in den hellgrauen Kästen und man erkennt sie am Zeichen ♻ .

Was gibt es sonst noch?

Wie du gemerkt hast, nehme ich mir auch in diesem Schuljahr die Freiheit, meine Leser zu duzen. Ich sehe mich, wie immer, als *dein* Trainer bzw. Coach und halte es daher wie im Sport, da duzt man sich auch.
Apropos Sport, auch hier wie immer der Hinweis: ohne Training geht nichts – da möchte ich dir nichts vormachen. Daher wird es leider nicht ausreichen, nur dieses Buch zu lesen. Du *musst* unbedingt weitere Aufgaben lösen – das Mathebuch gibt da einiges her.

Wenn du mir Feedback zu diesem Buch geben möchtest, Fehler gefunden hast oder allgemeine Fragen hast, dann kann du mir einfach eine Email senden: **Q.nrw@DocLambacher.de**

Doch genug der Worte. **Auf geht's!**

1 Eigenschaften ganzrationaler Funktionen

1.1 Wiederholung: Ableitung

LERNZIELE:
- **Differenzenquotient**
- **Ableitungsregeln**
- **Monotonie**

Wie die Überschrift schon sagt, ist dieses Kapitel eine Wiederholung des Stoffs, den du schon in der EF hattest.

Dein Mathebuch hat dieses sehr gut zusammengefasst, daher hier nur noch einmal die wichtigsten Punkte in Kürze, bevor wir dann zu ein paar Übungen kommen.

S.10+11

Wenn der **Differenzenquotient**

$$\frac{f(x_0 + h) - f(x_0)}{h}$$

für $h \to 0$ einen Grenzwert besitzt, so ist dieses die **Ableitung von f an der Stelle x_0.** Man schreibt dafür **f'(x_0)** (f Strich an der Stelle x_0).

Die Ableitung repräsentiert die **Tangente** bzw. **Steigung der Funktion** in dem Punkt (x_0|f(x_0)) (z. B. Punkt M in Fig. 1).

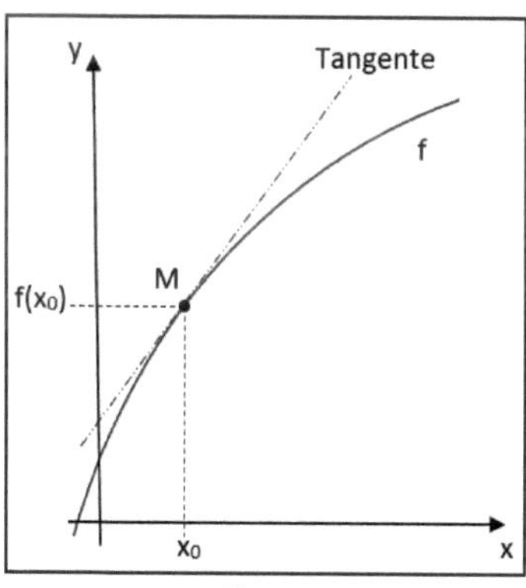

Fig. 1

Zusammengefasst können wir uns merken:

- Wenn $\frac{f(x_0+h)-f(x_0)}{h}$ für $h \to 0$ existiert, ist dies die Ableitung von f an der Stelle x_0.

- Die Ableitung von f an der Stelle x_0 ist die Steigung der Funktion f an der Stelle x_0.

- Die Ableitung wird als **f'(x_0)** dargestellt.

Für Ableitungen gibt es **Regeln**. Die, die dir bereits bekannt sind, lauten:

Potenzregel	$f(x) = x^n$	$f'(x) = n \cdot x^{n-1}$	$n \in \mathbb{N}$
Faktorenregel	$f(x) = r \cdot g(x)$	$f'(x) = r \cdot g'(x)$	$r \in \mathbb{R}$
Summenregel	$f(x) = g(x) + h(x)$	$f'(x) = g'(x) + h'(x)$	

Kommen wir zur **Monotonie**:
Funktionswerte einer Funktion können in einem Bereich (Intervall) entweder nur steigen oder nur fallen (s. Fig. 2).

Streng monoton steigend:
In einem Intervall I gilt für alle x_1 und x_2: für $x_1 < x_2$ folgt $f(x_1) < f(x_2)$.

Als Ableitung ausgedrückt: $\quad$ **$f'(x) > 0$**

Streng monoton fallend:
In einem Intervall I gilt für alle x_1 und x_2: für $x_1 < x_2$ folgt $f(x_1) > f(x_2)$

Als Ableitung ausgedrückt: $\quad$ **$f'(x) < 0$**

Bei **$f'(x_0) = 0$** findet ein **Vorzeichenwechsel (VZW)** der **Steigung** von $f(x_0)$ statt. Man hat bei einem **VZW**

$$+ \to - \quad \text{ein lokales Maximum bei } x_0$$

$$- \to + \quad \text{ein lokales Minimum bei } x_0$$

Übrigens: Wenn in einem Bereich nicht *f(x₁) < f(x₂)* sondern *f(x₁) ≤ f(x₂)*
gilt, so ist die Funktion in diesem Bereich nur noch **monoton steigend**
bzw. bei *f(x₁) ≥ f(x₂)* **monoton fallend** (das Wort „streng" entfällt).

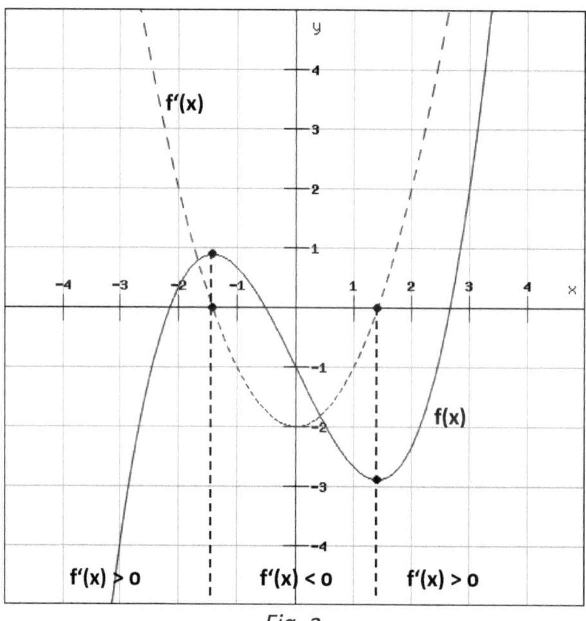

Fig. 2

So, das war mal ein Schnelldurchlauf zum Thema Ableitung. Aber es
sollte ja eigentlich auch nur zum Wiederauffrischen dienen. Ob alles
wirklich noch präsent ist, wollen wir nun mit ein paar Übungen prüfen.

A) *Du hast eine Funktion f(x) und g(x). Bilde jeweils die erste Ableitung*   S.13;5
   und bestimme rechnerisch die Extrempunkte.

1) $f(x) = 0{,}5 \cdot x^4 - 3x^2 + 7$
2) $g(x) = 3x^3 + x^2 - 2x + 11$

1) Wir wenden die Potenz, Summen- und Faktorenregel an:

$$f(x) = 0{,}5 \cdot x^4 - 3x^2 + 7$$
$$f'(x) = 2x^3 - 6x$$

Zur Bestimmung der Extremstellen müssen wir $f'(x) = 0$ setzen:

$$f'(x) = 2x^3 - 6x = 0 \qquad | \; x \; ausklammern$$
$$x(2x^2 - 6) = 0$$

Ein Produkt ist gleich null, wenn mindestens einer der Faktoren gleich null ist. Wir haben damit die erste Nullstelle: $x = 0$
Kümmern wir uns noch um die Klammer:

$$2x^2 - 6 = 0$$
$$2x^2 = 6$$
$$x^2 = 3$$
$$x_{1,2} = \pm\sqrt{3}$$

Ergebnis: Unsere Funktion hat für $x = -\sqrt{3}$, $x = 0$ und $x = \sqrt{3}$ eine Extremstelle.

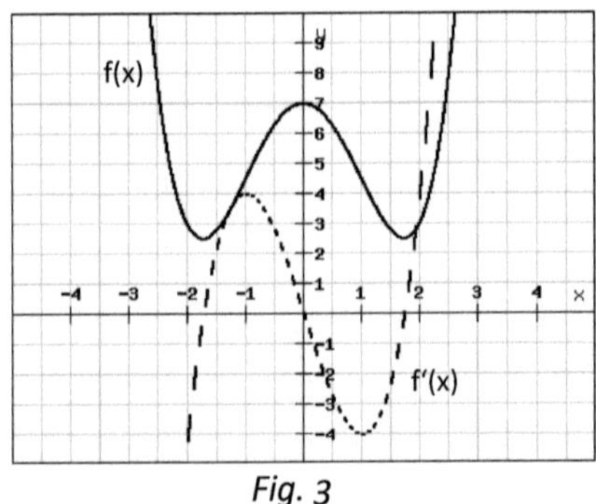

Fig. 3

2) Auch hier wenden wir die drei uns bekannten Regeln an:

$$g(x) = 3x^3 + x^2 - 2x + 11$$
$$g(x) = 9x^2 + 2x - 2$$

Zur Bestimmung der Extremstellen müssen wir $f'(x) = 0$ setzen:

$$g(x) = 9x^2 + 2x - 2 = 0$$

Das schreit nach der p/q-Formel:

Wie das gelöst wird, weißt du hoffentlich noch:

- **Funktion in die Form f(x) = x² + px + q bringen**
- **p/q- Formel anwenden:**

$$x_{1,2} = -\frac{p}{2} \pm \sqrt{\frac{p^2}{4} - q}$$

$$9x^2 + 2x - 2 = 0$$

$$x^2 + \frac{2}{9}x - \frac{2}{9} = 0$$

$$x_{1,2} = -\frac{2}{9 \cdot 2} \pm \sqrt{\frac{\left(\frac{2}{9}\right)^2}{4} + \frac{2}{9}}$$

$$x_{1,2} = -\frac{1}{9} \pm \sqrt{0{,}2346}$$

$$x_1 = -0{,}595$$

$$x_2 = 0{,}373$$

Ergebnis: Unsere Funktion hat an den Stellen *x = -0,586* und *x = 0,364* und ein Extremum.

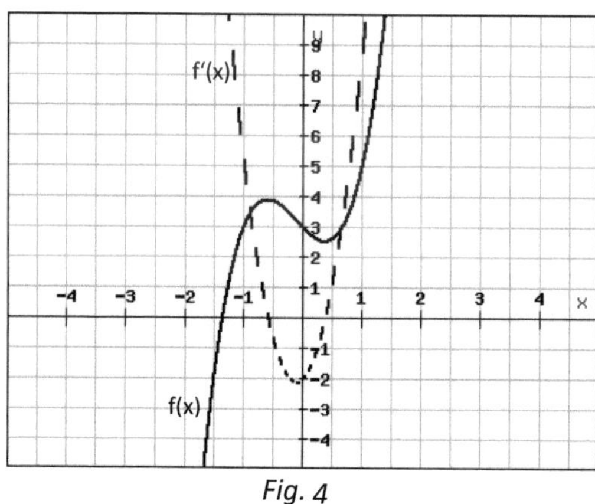

Fig. 4

S.14; 11 *B) Du hast die Funktion $f(x) = x^3 - 2x^2 + x - 1$.*

1) Bestimme $f'(5)$
2) An welcher Stelle des Graphen existiert eine Steigung m = 4?
3) Für welche x-Werte hat der Graph eine negative Steigung?

1) Wir bilden also zunächst die 1. Ableitung:
$$f(x) = x^3 - 2x^2 + x - 1$$
$$f'(x) = 3x^2 - 4x + 1$$

Nun können wir einsetzen:

$$f'(5) = 3 \cdot 5^2 - 4 \cdot 5 + 1$$
$$f'(5) = 56$$

2) Die 1. Ableitung entspricht ja der Steigung. Wir müssen daher also prüfen, wo die 1. Ableitung gleich 4 ist.

$$f'(x) = 3x^2 - 4x + 1 = 4$$
$$3x^2 - 4x - 3 = 0$$
$$x^2 - \frac{4}{3}x - 1 = 0$$

Wie immer p/q-Formel:

$$x_{1,2} = \frac{4}{3 \cdot 2} \pm \sqrt{\frac{\left(\frac{4}{3}\right)^2}{4} + 1}$$

$$x_{1,2} = \frac{2}{3} \pm \sqrt{1{,}444}$$

$$x_1 = 1{,}868$$

$$x_2 = -0{,}535$$

3) Da wir den oder die Bereiche suchen, in dem die Steigung negativ ist, wollen wir zunächst die Grenzen der Bereiche suchen. Daher müssen wir zunächst die Extremstellen der Funktion berechnen.

Denn wir wissen, dass an Extremstellen sich das Vorzeichen der Steigung ändert. Extremstellen liegen vor, wenn $f'(x) = 0$ ist:

$$f'(x) = 3x^2 - 4x + 1 = 0$$
$$x^2 - \frac{4}{3}x + \frac{1}{3} = 0$$

$$x_{1,2} = \frac{4}{3 \cdot 2} \pm \sqrt{\frac{\left(\frac{4}{3}\right)^2}{4} - \frac{1}{3}}$$

$$x_{1,2} = \frac{2}{3} \pm \sqrt{0{,}1111}$$

$$x_1 = 0{,}333$$
$$x_2 = 1$$

Wir haben also drei Bereiche: ($x < 0{,}333$), ($0{,}333 < x < 1$) und ($x > 1$). Um das Vorzeichen der Steigung in einem Bereich festzustellen, kann man einen beliebigen Wert aus dem Bereich in die 1. Ableitung einsetzen:

Bereich	Beliebiger Wert	Vorzeichen im Bereich
$x < 0{,}333$	$f'(0) = 1$	positiv
$0{,}333 < x < 1$	$f'(0{,}5) = -0{,}25$	negativ
$x > 1$	$f'(2) = 5$	positiv

Ergebnis: unsere Funktion hat im Bereich $0{,}333 < x < 1$ eine negative Steigung.

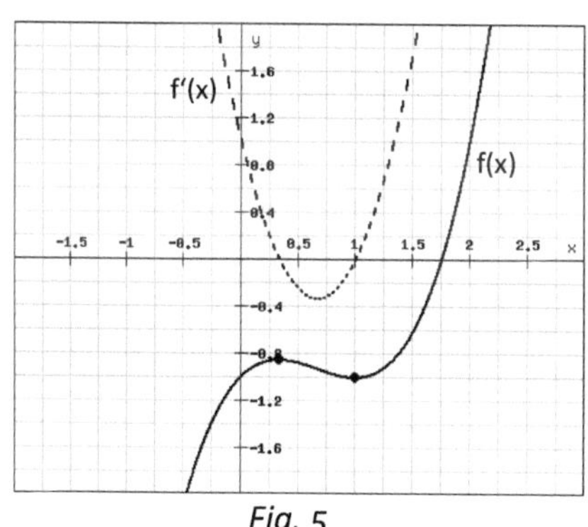

Fig. 5

1.2 Die Bedeutung der zweiten Ableitung

LERNZIELE:
- **Linkskrümmung/Rechtskrümmung**

Auch dieses Kapitel ist eine reine Wiederholung des Stoffs aus der EF. Inhaltlich gibt es nicht viel:

Über die 2. Ableitung können wir bestimmen, ob unser Graph **linksge-krümmt** oder **rechtsgekrümmt** ist. Das fassen wir gleich mal zusammen:

$f''(x)$	$f'(x)$	Krümmung $f(x)$
$f''(x) > 0$	**wächst** streng monoton	**links**
$f''(x) < 0$	**nimmt** streng monoton **ab**	**rechts**

Dieses gilt für das jeweils zu untersuchende Intervall.
Sehen wir uns dazu ein Beispiel an:

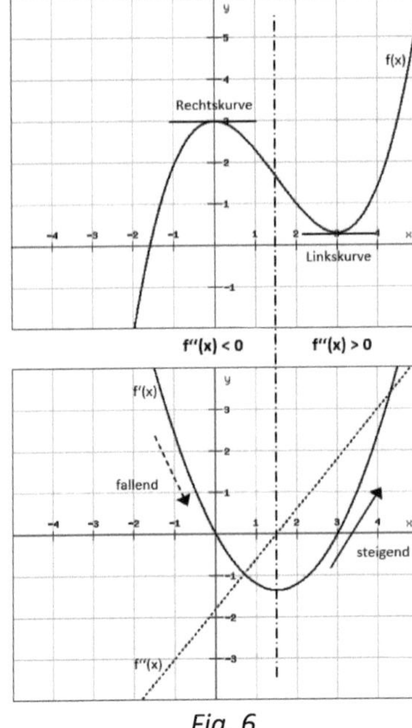

Fig. 6

- Unser Graph der Funktion *f(x)* ist zunächst am Ansteigen und geht in eine Rechtskurve über. Das Intervall der Rechtskurve reicht, bis *f''(x) = 0* ist.
- Dann beginnt die Linkskurve.
- Während der Rechtskrümmung ist die 1. Ableitung *f'(x)* monoton fallend.
- Bei der Linkskrümmung monoton steigend.

Tja, und das war's auch schon für dieses Kapitel.
Ein paar Anwendungen dazu?

A) Untersuche das Krümmungsverhalten der Graphen der folgenden S.17; 3
Funktionen:

1) $f(x) = \frac{1}{6}x^6 - 5x^2$ 2) $g(x) = (x-3)^2 \cdot (x+1)^2 - 3$

1) Um das Krümmungsverhalten zu untersuchen, brauchen wir die erste und zweite Ableitung der Funktion:

$$f(x) = \frac{1}{6}x^6 - 5x^2$$

$$f'(x) = x^5 - 10x$$

$$f''(x) = 5x^4 - 10$$

Wir suchen nach den Bereichen, in denen *f''(x) < 0* bzw. *f''(x) > 0* ist. Die Grenzen dieser Bereiche sind die Stellen, an denen ein Vorzeichenwechsel (VZW) der 2. Ableitung stattfindet. Wir berechnen also die Nullstellen der 2. Ableitung:

$$f''(x) = 5x^4 - 10 = 0$$
$$5x^4 = 10$$
$$x^4 = 2$$
$$x_{1,2,3,4} = \pm\sqrt{2}$$
$$x_{1,2} = -\sqrt{2}$$
$$x_{3,4} = \sqrt{2}$$

Wir haben also drei Bereich, die wir untersuchen müssen:
$$x < -\sqrt{2}; \qquad -\sqrt{2} < x < \sqrt{2}; \qquad x > \sqrt{2}$$

Um das Vorzeichen von *f''(x)* in dem jeweiligen Bereich zu erhalten, setzen wir einen beliebigen Wert des Bereichs in *f''(x)* ein.

Bereich	f''(x)	f'(x)	Krümmung f(x)
$x < -\sqrt{2}$	f''(x) > 0	**wächst** streng monoton	**links**
$-\sqrt{2} < x < \sqrt{2}$	f''(x) < 0	**nimmt** streng monoton **ab**	**rechts**
$x > \sqrt{2}$	f''(x) > 0	**wächst** streng monoton	**links**

Das Ergebnis können wir mit den Graphen überprüfen:

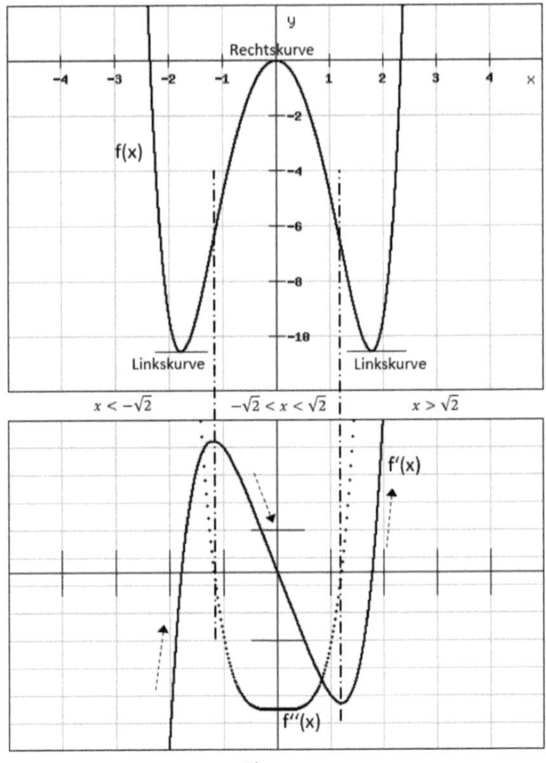

Fig. 7

2) Die Aufgabe könnte zu einer Falle werden. Auch hier benötigen wir die 1. und 2. Ableitung. Aber um diese bilden zu können, muss du die Funktion **zunächst ausmultiplizieren**, so dass eine Summe entsteht.
Die Regeln, die sonst notwendig wären, kennst du nämlich noch nicht (Produktregel und Kettenregel).

$$g(x) = (x - 3)^2 \cdot (x + 1)^2 - 3$$

Ausmultipliziert ergibt sich:

$$g(x) = x^4 - 4x^3 - 2x^2 + 12x + 6$$

So, das sieht doch schon viel besser aus, oder? Wir bilden die 1. und 2. Ableitung:

$$g'(x) = 4x^3 - 12x^2 - 4x + 12$$

$$g''(x) = 12x^2 - 24x - 4$$

Nun suchen wir wieder nach den Bereichen, in denen $g''(x) < 0$ bzw. $g''(x) > 0$ ist. Wir berechnen also die Nullstellen der 2. Ableitung:

$$g''(x) = 12x^2 - 24x - 4 = 0$$

$$x^2 - 2x - \frac{1}{3} = 0$$

p/q-Formel:

$$x_{1,2} = -\frac{-2}{2} \pm \sqrt{\frac{(-2)^2}{4} + \frac{1}{3}}$$

$$x_{1,2} = 1 \pm \sqrt{\frac{4}{3}}$$

$$x_1 = -0{,}155$$

$$x_2 = 2{,}155$$

Wir haben erneut drei Bereiche:

$$x < -0{,}155 \, ; \quad -0{,}155 < x < 2{,}155 \, ; \quad x > 2{,}155$$

Um das Vorzeichen von *g''(x)* in dem jeweiligen Bereich zu erhalten, setzen wir erneut einen beliebigen Wert des Bereichs in *g''(x)* ein und erhalten als Ergebnis:

Bereich	*g''(x)*	*g'(x)*	Krümmung *g(x)*
$x < -0{,}155$	f''(x) > 0	**wächst** streng monoton	**links**
$-0{,}155 < x < 2{,}155$	f''(x) < 0	**nimmt** streng monoton **ab**	**rechts**
$x > 2{,}155$	f''(x) > 0	**wächst** streng monoton	**links**

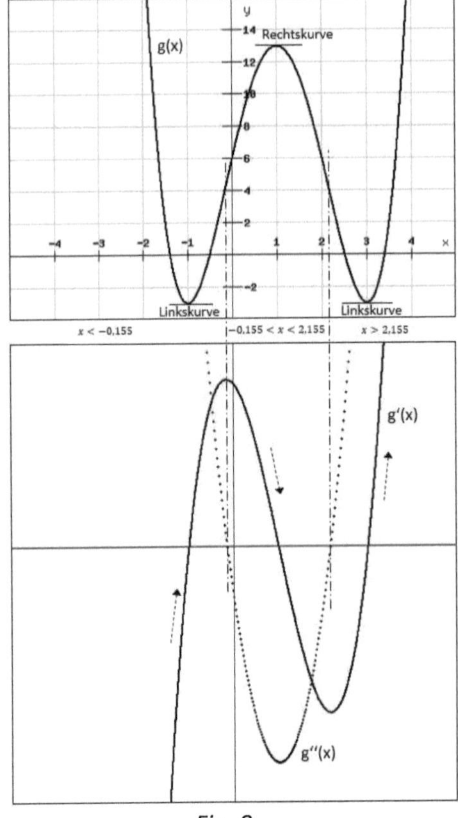

Fig. 8

1.3 Kriterien für Extremstellen

LERNZIELE:
- **Extremstelle**
- **Notwendige und hinreichende Bedingung**
- **Hoch- und Tiefpunkt**
- **Sattelpunkt**

Kommen wir zum vorerst letzten Wiederholungskapitel, nämlich zu den Extremstellen.
Auch hier möchte ich nur das Wichtigste kurz zusammenfassen.

Um zu überprüfen, ob eine Funktion eine **lokale Extremstelle** aufweist, müssen zwei Bedingungen erfüllt sein:

1. **Notwendige** Bedingung: $f'(x) = 0$

2. **Hinreichende** Bedingung: $f'(x) = 0$ und $f''(x) \neq 0$

Wir fassen zusammen:

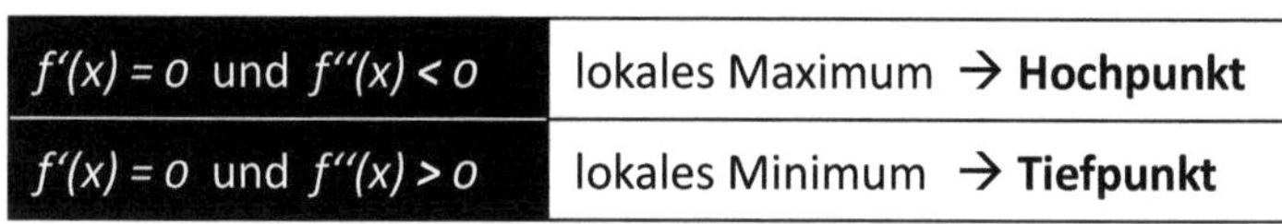

$f'(x) = 0$ und $f''(x) < 0$	lokales Maximum $\rightarrow$ **Hochpunkt**
$f'(x) = 0$ und $f''(x) > 0$	lokales Minimum $\rightarrow$ **Tiefpunkt**

Findet bei $f'(x) = 0$ kein **Vorzeichenwechsel** ($f''(x) = 0$) statt, so haben wir einen sogenannten **Sattelpunkt** (s. Fig. 9).

Es gilt dann: $f'(x) = 0$ und $f''(x) = 0$.

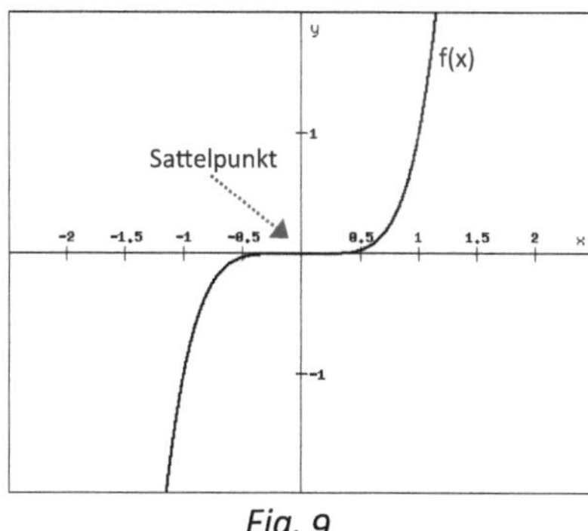

Fig. 9

Und, das war es auch schon wieder mit dem „neuen" Stoff. Dann wollen wir es mal ein bisschen üben.

S.20; 2   *A) Du hast eine Funktion f(x). Prüfe, ob die Funktion Hoch-, Tief- und Sattelpunkte besitzt.*

1) $f(x) = x^5 - 2x^3 - 7x$ *2)* $f(x) = x(x - 5)(x + 1)$

3) $f(x) = \frac{1}{2}x^4 + 2x^3 - 2$

1) Um Extremstellen zu bestimmen, benötigen wir die 1. und 2. Ableitung:

$$f'(x) = 5x^4 - 6x^2 - 7$$
$$f''(x) = 20x^3 - 12x$$

Zunächst muss die notwendige Bedingung erfüllt sein: $f'(x) = 0$

$$f'(x) = 5x^4 - 6x^2 - 7 = 0$$

Um hier die Nullstellen auf einfache Weise berechnen zu können, werde ich x^2 durch z substituieren ($z = x^2$) und erhalte:

$$5z^2 - 6z - 7 = 0$$
$$z^2 - \frac{6}{5}z - \frac{7}{5} = 0$$

So, das sieht doch nun lösbare aus: p/q-Formel.
Wir erhalten:

$$z_{1,2} = -\frac{-6}{2 \cdot 5} \pm \sqrt{\frac{\left(\frac{6}{5}\right)^2}{4} + \frac{7}{5}}$$

$$z_{1,2} = 0{,}6 \pm \sqrt{1{,}76}$$

$$z_1 = 1{,}927$$

$$z_2 = -0{,}727$$

Jetzt dürfen wir aber nicht vergessen, die Substitution wieder rückgängig zu machen:

$$x_{1,2} = \pm\sqrt{z_1} = \pm\sqrt{1.927}$$

$$x_1 = -1,388$$

$$x_2 = 1,388$$

Da z_2 negativ ist, bekommen wir hierfür keine Lösung (Wurzel aus negativer Zahl) und es bleibt bei unseren beiden Nullstellen x_1 und x_2.

Jetzt gilt es jeweils die hinreichende Bedingung zu prüfen:
x_1:

$$f''(x_1) = 20x_1^3 - 12x_1$$
$$f''(x_1) = 20 \cdot (-1{,}388)^3 - 12 \cdot (-1{,}388)$$
$$f''(x_1) = -36{,}8 \; < 0$$

Wir haben bei x_1 einen lokalen Hochpunkt.

x_2:

$$f''(x_2) = 20x_2^3 - 12x_2$$
$$f''(x_2) = 20 \cdot 1{,}388^3 - 12 \cdot 1{,}388$$
$$f''(x_2) = 36{,}8 \; > 0$$

Wir haben bei x_2 einen lokalen Tiefpunkt.

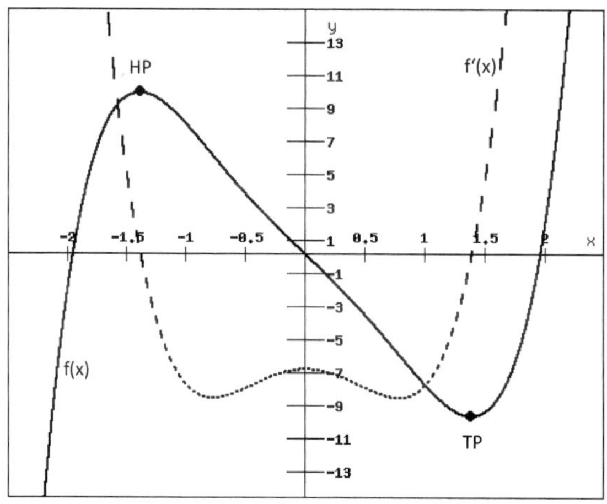

Fig. 10

2) Um Extremstellen zu bestimmen, benötigen wir, wie immer, die 1. und 2. Ableitung. In diesem Fall müssen wir aber zunächst ausmultiplizieren, sonst geht es mit den dir bekannten Regeln schief!

$$f(x) = x(x - 5)(x + 1)$$
$$f(x) = x^3 - 4x^2 - 5x$$
$$f'(x) = 3x^2 - 8x - 5$$
$$f''(x) = 6x - 8$$

Zunächst prüfen wir die notwendige Bedingung: $f'(x) = 0$

$$3x^2 - 8x - 5 = 0$$
$$x^2 - \frac{8}{3}x - \frac{5}{3} = 0$$

p/q-Formel:

$$x_{1,2} = -\frac{-8}{3 \cdot 2} \pm \sqrt{\frac{\left(\frac{8}{3}\right)^2}{4} + \frac{5}{3}}$$
$$x_{1,2} = 1{,}333 \pm \sqrt{3{,}444}$$
$$x_1 = -0{,}522$$
$$x_2 = 3{,}19$$

Auch jetzt gilt es, jeweils die hinreichende Bedingung zu prüfen:
x_1:

$$f''(x) = 6x - 8$$
$$f''(-0{,}522) = 6 \cdot (-0{,}522) - 8$$
$$f''(-0{,}522) = -11{,}132 < 0$$

Wir haben bei x_1 einen lokalen Hochpunkt

x_2:

$$f''(3{,}19) = 6 \cdot 3{,}19 - 8$$

$$f''(3{,}19) = 10{,}14 < 0$$

Wir haben bei x_2 einen lokalen Tiefpunkt.

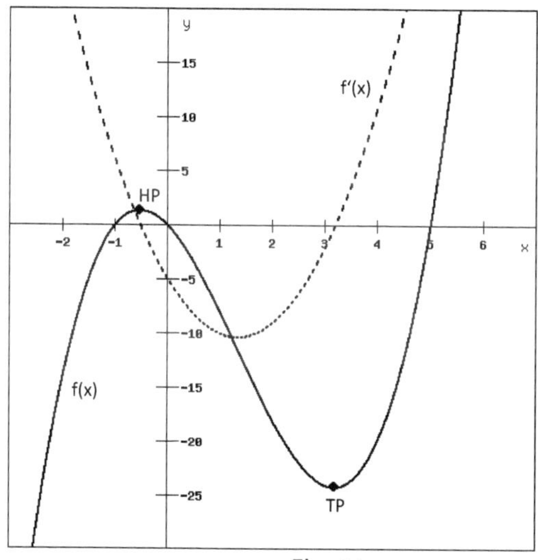

Fig. 11

3) Und zum letzten Mal: wir benötigen die 1. und 2. Ableitung:

$$f(x) = \frac{1}{2}x^4 + 2x^3 - 2$$

$$f'(x) = 2x^3 + 6x^2$$

$$f''(x) = 6x^2 + 12x$$

Wir betrachten erneut die notwendige Bedingung:

$$f'(x) = 2x^3 + 6x^2 = 0$$

Wir können x^2 ausklammern und haben unsere 1. doppelte Nullstelle bei $x = 0$.

$$x^2(2x + 6) = 0$$

Kümmern wir uns um die Klammer:

$$2x + 6 = 0$$
$$x = -3$$

Die notwendige Bedingung ist also erfüllt für $x_1=0$ und $x_2=-3$.

Wie sieht es mit der hinreichenden Bedingung aus?
x_1:

$$f''(x) = 6x^2 + 12x$$

$$f''(0) = 0$$

Wir haben bei x_1 einen Sattelpunkt.

x_2:

$$f''(-3) = 6(-3)^2 + 12 \cdot (-3)$$

$$f''(x) = 18 > 0$$

Wir haben bei x_2 einen lokalen Tiefpunkt.

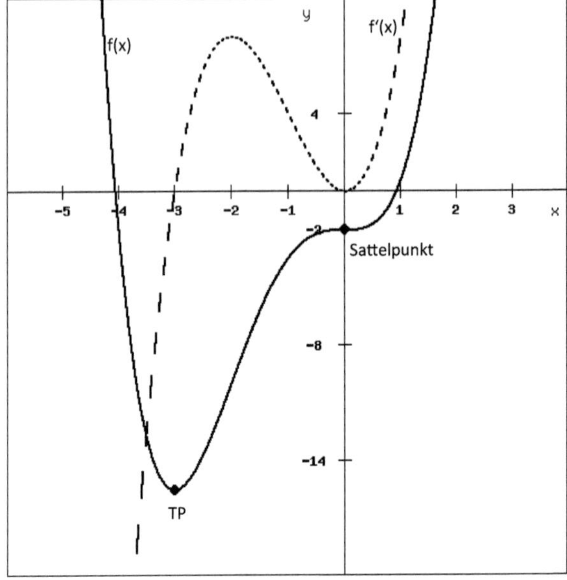

Fig. 12

1.4 Kriterien für Wendestellen

> **LERNZIELE:**
> - **Wendepunkt**
> - **Wendetangente**

So, geschafft: endlich mal was Neues. 

Immer wenn der Graph einer Funktion von einer Krümmung in die entgegengesetzte Krümmung übergeht, muss es einen Punkt geben, wo die Grenze der jeweiligen Krümmung ist.
Diesen Punkt nennen wir **Wendepunkt**.

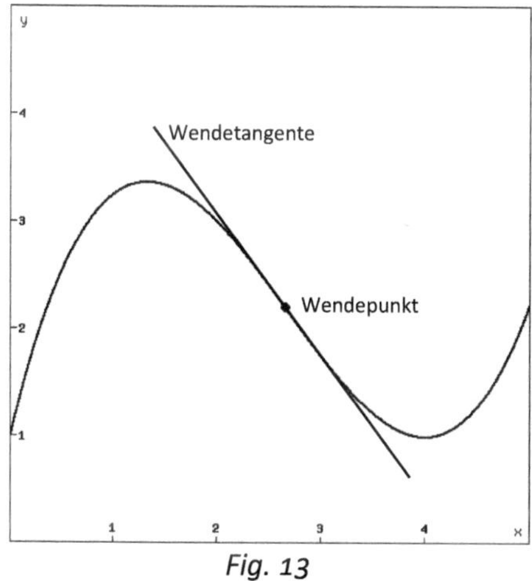

Fig. 13

Auch diesen Punkt können wir anhand von Ableitungen leicht identifizieren:

Notwendige Bedingung: $\quad\quad f''(x) = 0$

Hinreichende Bedingung: $\quad\quad f''(x) = 0 \quad$ und $\quad f'''(x) \neq 0$

d. h., wir benötigen hierfür die 3. Ableitung. Ist diese ungleich Null, haben wir dann einen Wendepunkt, wenn die 2. Ableitung gleich null ist.

Die Tangente, die durch diesen Punkt geht, wird **Wendetangente** genannt.
Ein Sattelpunkt ist ein besonderer Wendepunkt, bei dem die Wendetangente waagerecht ist. Bei ihm sind also f' und f'' gleich null (und f'''≠ 0).

So, das war es aber auch schon für dieses Kapitel mit neuen Informationen. Nun können wir es ja mal ein wenig anwenden.

S.25; 2 *A) Bestimme den Wendepunkt und die Gleichung der Wendetangente.*

$$f(x) = 2x^3 + x^2 + 4x - 2$$

Für den Wendepunkt benötigen wir die 2. und 3. Ableitung. Daher bilden wir nun zunächst alle Ableitungen:

$$f(x) = 2x^3 + x^2 + 4x - 2$$
$$f'(x) = 6x^2 + 2x + 4$$
$$f''(x) = 12x + 2$$
$$f'''(x) = 12$$

Die Notwendige Bedingung für einen Wendepunkt lautet: $f''(x) = 0$

$$f''(x) = 12x + 2 = 0$$
$$x = -\frac{2}{12} = -\frac{1}{6}$$

Nun gilt es die hinreichende Bedingung zu überprüfen: $f'''(x) \neq 0$

$$f'''(x) = 12 \neq 0$$

Auch diese ist erfüllt: wir haben bei $x = -0{,}1667$ einen Wendepunkt.

Fehlt uns nun noch die Gleichung der Wendetangente:

$$w(x) = m \cdot x + n$$

Die Steigung eines Funktionspunktes erhalten wir immer durch die 1. Ableitung:

$$f'(x) = 6x^2 + 2x + 4$$

$$f'\left(-\frac{1}{6}\right) = m = 6\left(-\frac{1}{6}\right)^2 + 2\left(-\frac{1}{6}\right) + 4$$

$$m = 3{,}833$$

Um den Achsenabschnitt n zu berechnen, brauchen wir einen Punkt auf der Geraden. Diesen haben wir, da wir den Wendepunkt kennen.
Jetzt berechnen wir den y-Wert an der Stelle x = -0,1667:

$$f(x) = 2x^3 + x^2 + 4x - 2$$

$$f\left(-\frac{1}{6}\right) = 2\left(-\frac{1}{6}\right)^3 + \left(-\frac{1}{6}\right)^2 + 4\left(-\frac{1}{6}\right) - 2$$

$$f\left(-\frac{1}{6}\right) = -2{,}648$$

Unser Wendepunkt lautet also (-0,1667; -2,648). Diesen Punkt setzen wir in die Wendtangentengleichung ein:

$$w(x) = m \cdot x + n$$

$$w\left(-\frac{1}{6}\right) = 3{,}833 \cdot \left(-\frac{1}{6}\right) + n = -2{,}648$$

$$n = -2{,}01$$

Damit lautet unsere Wendetangentengleichung:

$$w(x) = 3{,}833 \cdot x - 2{,}01$$

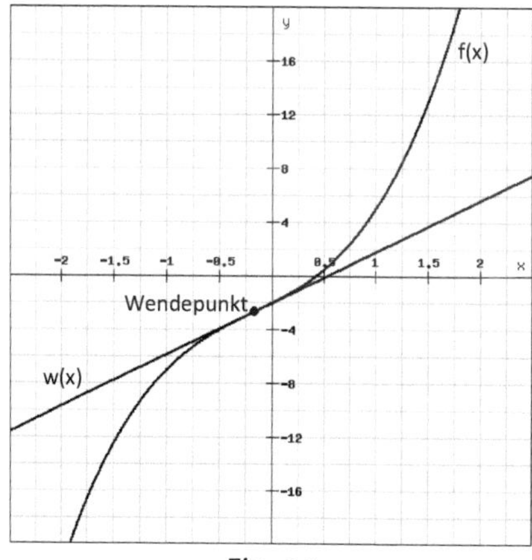

Fig. 14

S 26; 10   *B) Ein Vergnügungspark hat eine Wasserrutsche. Man kann deren Verlauf näherungsweise mit der Funktion f mit:*

$$f(x) = \frac{-2}{50000}x^3 + 0{,}009x^2 + 0{,}1x + 1 \quad abbilden. \ Diese \ gilt \ für \ die$$

Strecke $0 \le x \le 140$.

1) *Berechne die Steigungswinkel am Anfang und am Ende der Rutsche.*
2) *In der Reklame steht, dass die Rutsche ein maximales Gefälle von 77% besitzt. Ist das richtig?*
3) *An welcher Stelle ist das Gefälle am niedrigsten?*

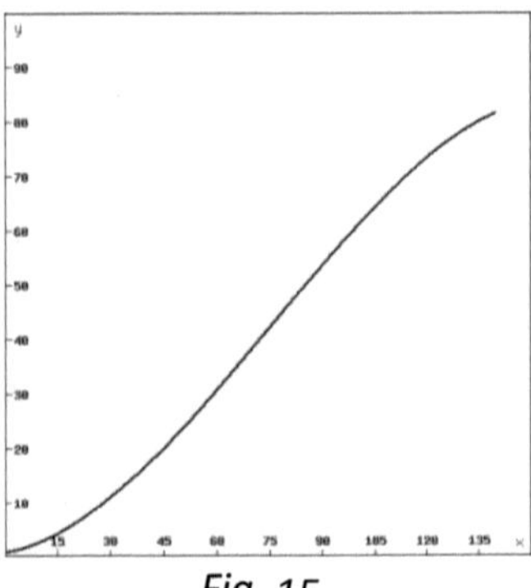

Fig. 15

1) Wir suchen den Steigungswinkel. Das ist nichts anderes als die Steigung in dem jeweiligen Punkt. Und die erhalten wir durch die 1. Ableitung:

$$f(x) = \frac{-2}{50000}x^3 + 0{,}009x^2 + 0{,}1x + 1$$

$$f'(x) = \frac{-6}{50000}x^2 + 0{,}018x + 0{,}1$$

Jetzt können wir die jeweilige Steigung für die beiden Punkte berechnen:

Start der Rutsche $x = 140$:

$$f'(140) = \frac{-6}{50000} \cdot 140^2 + 0{,}018 \cdot 140 + 0{,}1 = 0{,}268$$

Das entspricht also einer Steigung von 26,8%, oder einem Steigungswinkel von:

$$tan(\alpha) = 0{,}268$$
$$\alpha = arctan(0{,}268) = 15°$$

Ende der Rutsche $x = 0$:

$$f'(0) = \frac{-6}{50000} \cdot 0 + 0{,}018 \cdot 0 + 0{,}1 = 0{,}1$$

Wir haben eine Steigung von 10% bzw. einen Steigungswinkel von:

$$tan(\alpha) = 0{,}1$$
$$\alpha = arctan(0{,}1) = 5{,}7°$$

2) Um diese Behauptung zu überprüfen, benötigen wir zunächst den Punkt mit der größten Steigung. Unsere Funktion startet im Definitionsbereich mit einer Linkskrümmung und geht in eine Rechtskrümmung über. Das bedeutet, dass wir einen Wendepunkt haben. Der Wendepunkt ist dann immer der Punkt mit der höchsten Steigung (solange es sich nicht um einen Sattelpunkt handelt!).

Wir suchen also unseren Wendepunkt:

Notwendige Bedingung: $f''(x) = 0$
Wir bilden die 2. Ableitung:

$$f'(x) = \frac{-6}{50000}x^2 + 0{,}018x + 0{,}1$$

$$f''(x) = \frac{-12}{50000}x + 0{,}018 = 0$$

$$x = 75$$

Wir prüfen, ob es sich tatsächlich um einen Wendepunkt handelt: Hinreichende Bedingung $f'''(x) \neq 0$:
Wir bilden die 3. Ableitung:

$$f'''(x) = \frac{-12}{50000}x \neq 0$$

Auch diese Bedingung ist erfüllt. Wir haben also bei $x = 75$ einen Wendepunkt.

Für diesen Punkt müssen wir nun die Steigung berechnen. D. h., wir setzen $x = 75$ in unsere 1. Ableitung ein:

$$f'(x) = \frac{-6}{50000}x^2 + 0{,}018x + 0{,}1$$

$$f'(75) = \frac{-6}{50000} \cdot 75^2 + 0{,}018 \cdot 75 + 0{,}1 = 0{,}775$$

Wir haben im Wendepunkt also eine Steigung von 77,5%. Die Aussage ist also richtig.

3) Wenn wir nach dem niedrigsten Wert suchen, schauen wir uns normaler Weise die 1. Ableitung an: wir suchen im Definitionsbereich einen globalen Tiefpunkt.

In unserem Fall ist die zweite Ableitung aber eine nach unter geöffnete Parabel, wir haben nur einen Hochpunkt (s. Fig. 16)

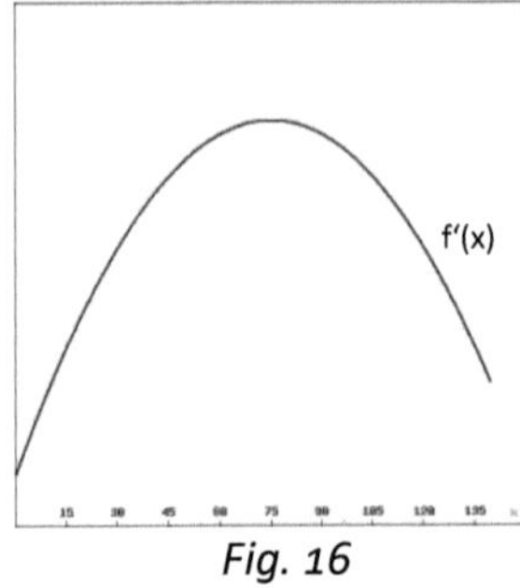

Fig. 16

Daher müssen wir die Grenzen der Funktion überprüfen, um die kleinste Steigung zu finden. Zum Glück haben wir schon beide Steigungen bereits in Aufgabe 1. berechnet:
Start der Rutsche bei $x = 140$: 26,8%
Ende der Rutsche bei $x = 0$: 10%

Ergebnis: die Rutsche hat die kleinste Steigung bei $x = 0$.

Fassen wir zum Abschluss dieses Kapitels die Bedingungen für charakteristische Punkte eines Graphen noch einmal zusammen:

Notwendig	Hinreichend	f(x)
$f'(x) = 0$	$f''(x) < 0$	**Hochpunkt**
$f'(x) = 0$	$f''(x) > 0$	**Tiefpunkt**
$f'(x) = 0$	$f''(x) = 0$	**Sattelpunkt**
$f''(x) = 0$	$f'''(x) \neq 0$	**Wendepunkt**

1.5   Extremwertprobleme mit Nebenbedingungen

LERNZIELE:
* **Extremwertproblem**
* **Nebenbedingung**
* **Zielfunktion**

Für Anwendungsprobleme werden oftmals ein größter oder kleinster Wert gesucht.

I. d. Regel haben wir zusätzlich zu unserer Funktion noch eine weitere Bedingung, die erfüllt werden soll. Wir sprechen dann von einem **Extremwertproblem** mit **Nebenbedingung**.

Aber was sollst du dir darunter vorstellen?

Nehmen wir ein Beispiel:
Dein Zimmer liegt unter einer Dachschräge und du möchtest eine Pinwand mit der größten Fläche A montieren. Wie wäre deren Abmaße (s. Fig. 17)?

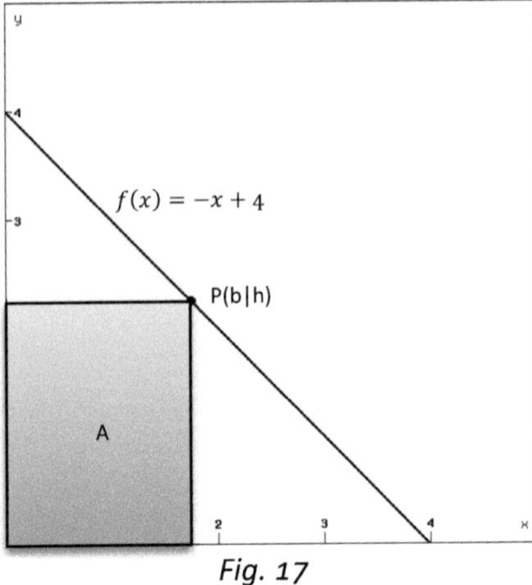

Fig. 17

Die Fläche deiner Pinwand hängt von deren Abmaße ab: Breite b und Höhe h: $A = b \cdot h$.

Wir wissen, dass der Punkt P auf der Geraden $f(x) = -x + 4$ liegt, und zwar im Bereich $0 \leq x \leq 4$.

Das bedeutet, die Höhe h deiner Pinwand kann mit der Funktion *f(x)* beschrieben werden

$$h = -x + 4 \quad 0 \leq x \leq 4$$

Dieses ist unsere **Nebenbedingung**.

Die Breite b entspricht dem gesuchten x-Wert: b = x.
Wenn wir nun

$$A = b \cdot h$$

mit der Nebenbedingung verknüpfen, erhalten wir unsere **Zielfunktion**:

$$A(b) = b(-b + 4) = -b^2 + 4b \quad 0 \leq x \leq 4$$

Mit dieser Zielfunktion können wir nun das Maximum unserer Pinwand ermitteln, indem wir die Extremstellen berechnen:

$$A'(b) = -2b + 4 = 0$$
$$b = 2$$

Noch schauen, ob es auch wirklich ein Hochpunkt ist:

$$A''(b) = -2 \leq 0$$

Es ist ein Hochpunkt.
Wir können nun die Höhe h berechnen:

$$h = -b + 4$$
$$h = -2 + 4$$
$$h = 2$$

Und schon haben wir das Ergebnis, dass unsere Pinwand die Abmaße *2 x 2* haben muss, um die größtmögliche Fläche zu erhalten.

Das hört sich alles ein wenig kompliziert an, nicht wahr?
Im Grunde geht man bei diesen Aufgaben aber immer gleich vor:

1. Welches ist deine Zielgröße, die einen Extremwert einnehmen soll?
2. Finde eine Formel, die deine **Zielgröße** beschreibt. Diese Formel hat mehrere Variablen (A = b · h).
3. Finde eine **Nebenbedingung**, die eine Verbindung zu der Variablen deiner Zielfunktion herstellt (h = -b + 4)
4. Stelle die **Zielfunktion** auf, die nur noch abhängig von einer der Variablen ist (A(b) = b (-b + 4)).
5. Untersuche die Zielfunktion auf **Extremstellen** (1. Ableitung)

6. Überprüfe die Ränder des Definitionsbereichs auf ein Extremum.

 **Wichtig**: Extremstellen können auch an den Grenzen des Definitionsbereichs liegen. Daher sollten diese immer auch mit betrachtet bzw. überprüft werden.

Immer noch nicht viel klarer? Kein Wunder. Extremwertaufgaben versteht man leider nur durch ihre Anwendung.
Daher werden wir nun ein paar bearbeiten, damit du das Vorgehen verinnerlichen kannst.

Fangen wir erst einmal ganz einfach an:

S.28; 1 *A) Du hast einen Zaun der Länge 100m, mit dem du ein Rechteck mit der größten Fläche aufstellen möchtest. Berechne die Abmaße.*

Der Fläche eines Rechtecks lautet: $A = a \cdot b$.

Der Umfang entspricht unserer Zaunlänge. Wir haben unsere Nebenbedingung. Sie lautet: $U = 2a + 2b = 100$

Wir formen die Nebenbedingung nach einer Variablen um: $a = 50 - b$

Unser Definitionsbereich ist somit $0 \le b \le 50$ (a und b können nicht negativ sein).

Wir setzen ein und haben damit unsere Zielfunktion:

$$A(b) = (50 - b)b = 50b - b^2$$

Diese muss einen Extremwert haben. Wir bilden die 1. Ableitung und setzen sie gleich Null (notwendige Bedingung):

$$A'(b) = 50 - 2b = 0$$
$$b = 25$$

Noch kurz prüfen, ob es ein HP ist (Hinreichende Bedingung):

$$A''(25) = -2 < 0$$

Es ist ein Hochpunkt. Damit können wir a berechnen:

$$a = 50 - b = 50 - 25 = 25$$

Jetzt müssen wir noch die Ränder des Definitionsbereichs prüfen: Wenn wir die Ränder des Definitionsbereichs anschauen (b = 0 bzw. b = 50), würde sich jeweils eine Fläche von 0m² ergeben, da entweder a oder b gleich null wäre. D. h., die Ränder sind kein Extremwert.

Damit haben wir unser Ergebnis:
Unsere Fläche muss die Seiten $a = 25m$ und $b = 25m$ haben.

B) *Aus einem quadratischen Blechstück mit der Seitenlänge l = 16cm soll eine quaderförmige Dose mit maximalem Volumen hergestellt werden. An den Ecken werden gleich große Quadrate mit der Seite x ausgeschnitten. Berechne x und das Volumen der Dose!* S.28; 5

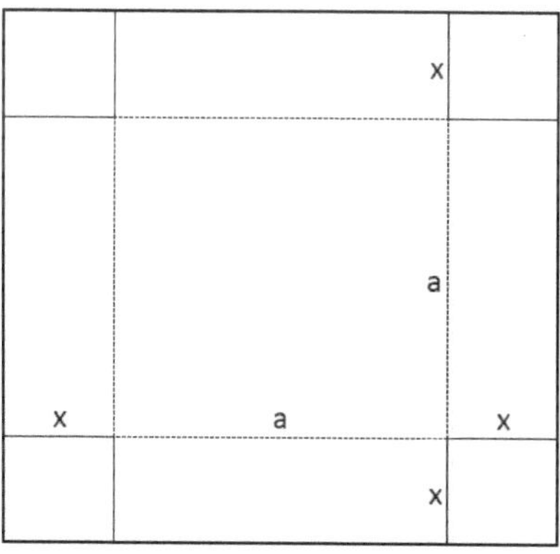

Fig. 18

Unserer Zielgröße ist das Volumen V der Dose:
$$V = A \cdot h$$
$$V = a^2 \cdot h$$

Wir haben die Nebenbedingungen:
$$a = l - 2x$$
$$a = 16 - 2x$$

und

$$h = x$$

Damit ergibt sich unsere Zielfunktion

$$V(x) = (16 - 2x)^2 \cdot x$$

Unser Definitionsbereich ist $0 \leq x \leq 8$.

Wir berechnen die Extremstellen → 1. Ableitung:

$$V(x) = x(16 - 2x)^2$$
$$V(x) = 4x^3 - 64x^2 + 256x$$
$$V'(x) = 12x^2 - 128x + 256$$

und setzen diese gleich Null (ich habe schon einmal durch 12 geteilt):

$$x^2 - 10{,}667x^2 + 21{,}333 = 0$$

p/q-Formel:

$$x_{1,2} = 5{,}333 \pm \sqrt{\frac{10{,}667^2}{4} - 21{,}333}$$

$$x_{1,2} = 5{,}333 \pm \sqrt{7{,}11}$$

$$x_1 = 2{,}66$$

$$x_2 = 8$$

Wir bestimmen, ob TP oder HP:

$$V''(x) = 24x - 128$$

$$V''(2{,}66) = 24 \cdot 2{,}66 - 128 < 0$$

$$V''(8) = 24 \cdot 8 - 128 > 0$$

x_1 ist ein Hochpunkt.
x_2 ist ein Tiefpunkt und gleichzeitig der obere Rand unseres Definitionsbereichs.
Auch der untere Rand (x = 0) ergibt ein Volumen von Null.

Wir berechnen das maximale Volumen für $x = 2{,}66$:

$$V(x) = x(16 - 2x)^2$$
$$V(2{,}66) = 2{,}66(16 - 2 \cdot 2{,}66)^2 = 303{,}4$$

Wenn unsere Seite x = 2,66 cm ist, hat unsere Dose ein maximales Volumen von V = 303 cm³.

S.28; 6

C) *Du stellst in der Freizeit Fan-Fahnen her. Bisher hast du monatlich 40 Stück á 25€ verkauft, wobei du pro Stück 15€ Herstellkosten hattest. Ein Freund meint, dass du den Verkaufspreis senken solltest, denn für jeden Euro Preisnachlass hält er einen Mehrverkauf von 10 Fahnen für möglich. Zu welchem Preis solltest du die Fahnen verkaufen, um den größten Gewinn zu erzielen?*

Dein Gewinn berechnet sich aus:

$$Gewinn = Anzahl\ Fahnen \cdot Marge\ pro\ Fahne$$
$$G = A \cdot M$$

Dieser Gewinn soll maximiert werden.

Was haben wir an Nebenbedingungen?
Die bisherige Marge pro Fahne beträgt:

$$Marge = Verkaufspreis - Herstellkosten$$
$$M = 25€ - 15€ = 10€$$

Pro 1€ Preissenkung steigt die anfängliche Anzahl verkaufter Fahnen (40 Stück) um 10:

$$A = 40 + 10x$$

Deine Marge reduziert sich dann zu:

$$M = 10 - x$$

Der Definitionsbereich ist $0 \leq x \leq 10$.

So, das können wir in die Gewinnformel einsetzen und haben unsere Zielfunktion:

$$G(x) = (40 + 10x) \cdot (10 - x)$$
$$G(x) = -10x^2 + 60x + 400$$

Wir suchen die Extremstellen und bilden dafür die 1. Ableitung und setzen diese gleich null:

$$G'(x) = -20x + 60$$
$$-20x + 60 = 0$$
$$x = 3$$

Prüfen ob HP:

$$G''(3) = -20 < 0$$

Es ist ein Hochpunkt.

Die Ränder des Definitionsbereichs ergeben jeweils keinen Sinn.

Ergebnis: Du solltest den Preis um 3€ reduzieren, um den größten Gewinn zu erzielen. (Du verkaufst dann monatlich 70 Stück zu 22€)

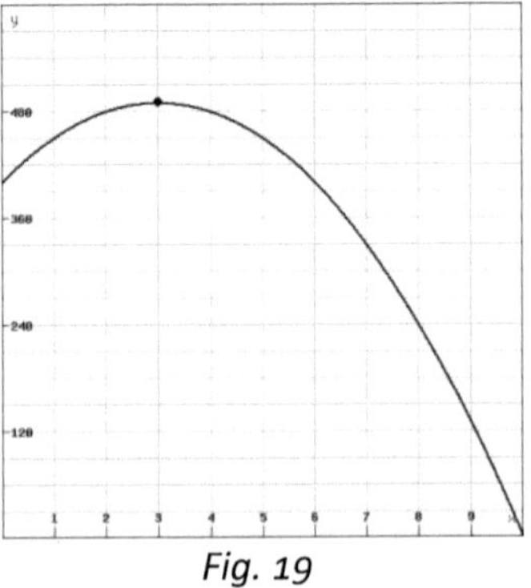

Fig. 19

D) *Ein Dachboden hat eine Giebelhöhe von 6m und eine Breite von 14,4m. In diesen Dachboden soll ein quaderförmiger Raum mit möglichst großem Querschnitt und einer Mindesthöhe von 2,40 m eingebaut werden. Berechne die Breite des Raumes!*

Fertigen wir zunächst eine Skizze an:

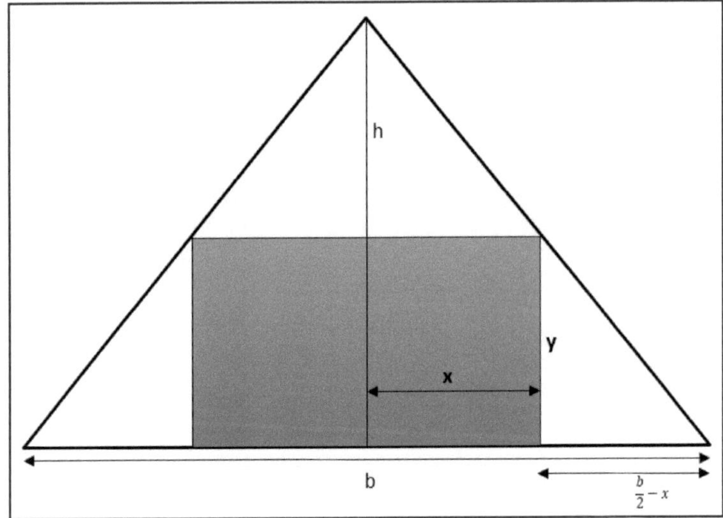

Fig. 20

Unsere Zielgröße ist: $\qquad A = 2x \cdot y$

Für unsere Nebenbedingung müssen wir etwas tricksen, denn wir brauchen etwas, in dem wir x und y abbilden können. Gegeben ist uns nur h und b.

Wir wenden in diesem Fall den 2. Strahlensatz an:

$$\frac{\frac{b}{2}}{h} = \frac{\frac{b}{2} - x}{y}$$

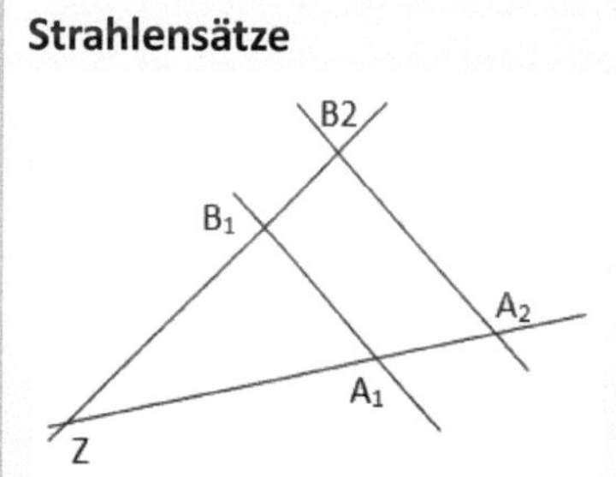

Strahlensätze

1. Strahlensatz (2 Strahlen)

$$\frac{\overline{ZA_1}}{\overline{ZA_2}} = \frac{\overline{ZB_1}}{\overline{ZB_2}} \; ; \; \frac{\overline{ZA_1}}{\overline{A_1A_2}} = \frac{\overline{ZB_1}}{\overline{B_1B_2}}$$

2. Strahlensatz (Strahl & Parallele)

$$\frac{\overline{ZA_1}}{\overline{A_1B_1}} = \frac{\overline{ZA_2}}{\overline{A_2B_2}}$$

Wir stellen nach y um:

$$y = \frac{h \cdot \left(\frac{b}{2} - x\right)}{\frac{b}{2}}$$

Wir setzen die gegebenen Werte für h und b ein:

$$y = \frac{6}{7{,}2}(7{,}2 - x)$$

(Der Definitionsbereich für x lautet: $0 \le x \le 7{,}2$)

Wir ersetzen y in unserer Flächenformel und erhalten unsere Zielfunktion:

$$A(x) = 2x\frac{6}{7{,}2}(7{,}2 - x)$$
$$A(x) = -1{,}667x^2 + 12x$$

Ab jetzt ist alles wie immer: wir berechnen die Extremstellen:

$$A'(x) = -3{,}333x + 12 = 0$$
$$x = 3{,}6$$

Prüfen ob HP:

$$A''(3{,}6) = -3{,}333 < 0$$

Bei *x = 3,6* liegt ein Hochpunkt.

Die Untersuchung der Ränder des Definitionsbereichs würde eine Fläche von 0 ergeben.

Wir berechnen y:

$$y = \frac{6}{7{,}2}(7{,}2 - 3{,}6) = 3$$

Damit ist auch die Randbedingung, dass y ≥ 2,4m sein soll, erfüllt.

Die Raumbreite ist *2x = 7,2m* (s. Fig. 20).

Unser Ergebnis lautet:
Der Raum hat eine Breite von 7,2 m (und eine Höhe von 3m).

In diesem Sinne gibt es eine Vielzahl an verschiedenen Aufgaben. Die Schwierigkeit liegt meistens darin, die richtigen Nebenbedingungen zu finden, und diese zu einer Zielfunktion zu verknüpfen. Hier musst du manches Mal kreativ sein. Wichtig ist, sich gut auszukennen bei der Berechnung von geometrischen Figuren, in der Trigonometrie, der Strahlensätze usw.
Auch wenn ich mich wiederhole, hier hilft leider nur die Routine. Wenn es die Zeit erlaubt, solltest du so viel verschiedene Aufgaben durchrechnen, wie möglich.

1.6 Ganzrationale Funktionen bestimmen

In diesem Kapitel müssen wir kreativ werden. Wir müssen nämlich aus einer „dürftigen" Informationslage eine ganzrationale Funktion bestimmen.

Zu den Informationen, die man erhält, gehören normaler Weise ein Funktionsverlauf (ein Graph), sowie Koordinaten von Hoch-, Tief- oder Wendepunkte.

Aufgrund des Graphen müssen wir zunächst festlegen, welchen Grad die Funktion haben wird.

Anschließend stellen wir lineare Gleichungssysteme mit den gegebenen Punkten auf. Hierzu nehmen wir die 1. und 2. Ableitung zur Hilfe.

Stopp, das ist viel zu abstrakt! Aber bevor ich mit einem Beispiel versuche, Klarheit zu schaffen, müssen wir in unserem Hirn graben. Um sich das Leben bei diesem Thema zu erleichtern, ist es wichtig, sich Eigenschaften von ganzrationalen Funktionen in Erinnerung zu rufen.

Symmetrie

Achssymmetrisch: nur **gerade** Exponenten
Punktsymmetrisch zum Ursprung $(0|0)$: nur **ungerade** Exponenten

---

Verschieben

in **x-Richtung:**	$g(x) = f(x-a)$	mit a nach „rechts"
in **y-Richtung:**	$g(x) = f(x)+b$	mit b nach „oben"
kombiniert:	$g(x) = f(x-a)+b$	

Strecken

in **x-Richtung:**	$g(x) = f(k \cdot x)$
in **y-Richtung:**	$g(x) = k \cdot f(x)$

Gut, gehen wir ein Beispiel an.
Wir haben folgen Graphen erhalten und den Tiefpunkt (1|-2) und sollen nun die Funktionsgleichung bestimmen.

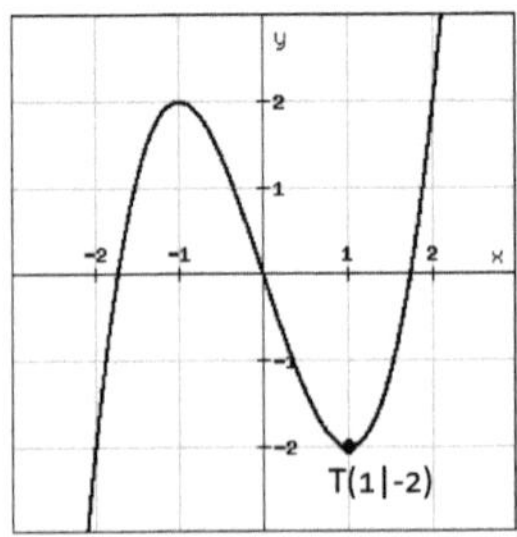

Fig. 21

Wir sehen, die Funktion:
- hat 3 Nullstellen.
- hat einen Tiefpunkt bei (1|-2).
- hat einen weiteren Hochpunkt.
- ist punktsymmetrisch.

Zwei Extrempunkte und drei Nullstellen sprechen dafür, dass die Funktion 3. Grades ist:

$$f(x) = ax^3 + bx^2 + cx + d$$

Da die Funktion punksymmetrisch zum Ursprung ist, werden nur ungerade Potenzen auftreten. Wir können daher vereinfachen:

$$f(x) = ax^3 + cx$$

Das sieht doch schon viel besser aus. Wir haben also zwei unbekannt Faktoren a und c.
Wir können schon einmal die 1. Ableitung bilden, da wir diese für die Extremstelle brauchen (*f'(x) = 0*):

$$f'(x) = 3ax^2 + c$$

Dann setzen wir mal unseren bekannten Punkt ein:

f(1) = -2: $\qquad\quad a + c = -2 \qquad$ (1)
f'(1) = 0: $\qquad\quad 3a + c = 0 \qquad$ (2)

Zwei Gleichungen mit zwei unbekannten. Hierfür gib es bekanntlich verschiedene Lösungswege. In diesem Fall werde ich die erste Geleichung von der zweiten abziehen und erhalte:

$$(2)-(1) \qquad 2a = 2$$
$$a = 1$$

Damit können wir c berechnen:
$$a + c = -2$$
$$1 + c = -2$$
$$c = -3$$

Fertig! Unsere Funktion lautet: $f(x) = x^3 - 3x$

Überprüfen wir anhand unseres Tiefpunkts, ob die Funktionsgleichung wirklich passt:

$$f'(x) = 3x^2 - 3$$
$$f''(x) = 6x$$

$f'(1) = 0$ $\qquad$ → ist ein Extremwert
$f''(1) = 6 > 0$ $\qquad$ → ist ein Tiefpunkt

Um Aufgaben dieses Typs zu lösen, geht man immer nach dem gleichen **Schema** vor:

1. Welchen Grad n könnte die Funktion haben?
2. Wir haben n+1 unbekannte Faktoren, die wir bestimmen müssen.
3. Kann ich Eigenschaften wie Symmetrie oder Verschiebung zur Vereinfachung nutzen?
4. Aufstellen von Gleichungen für f, f' und f''
5. Lösen des linearen Gleichungssystems
6. Funktionsgleichung aufstellen und überprüfen

Bei Punkt 4 sollte man sehen, dass man wirklich alle Gleichungen aufstellt. Wir benötigen immer so viele Gleichungen, wie wir unbekannte Parameter haben.
Punkt 5 nimmt erfahrungsgemäß die längste Zeit in Anspruch.

Machen wir noch ein Beispiel, dass ziemlich ähnlich aussieht.
Wir haben wieder einen Graphen, so wie einen Hochpunkt bei H(1|3)
und einen Wendepunkt bei W(0|1).

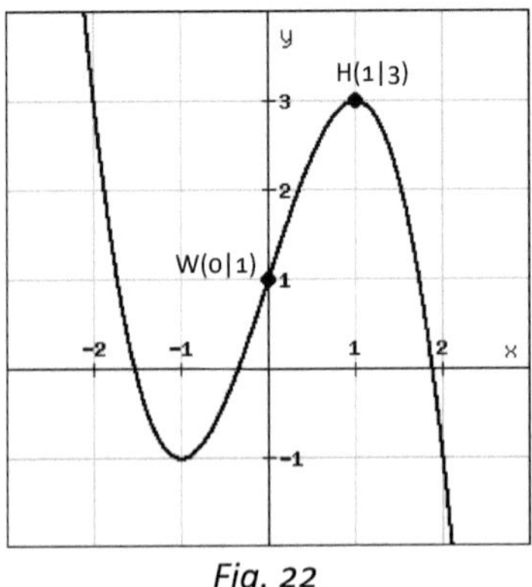

Fig. 22

Was haben wir?
- 3 Nullstellen.
- einen Hochpunkt bei (1|3).
- einen Wendepunkt bei (0|1)
- einen weiteren Tiefpunkt.

Was kann man noch ablesen? Die Funktion war mal punktsymmetrisch
zum Nullpunkt und ist um 1 nach oben verschoben worden.
D. h., wir haben nur ungerade Potenzen und eine Verschiebung in y-
Richtung um 1:

$$f(x) = (ax^3 + cx) + 1$$

Wir bilden wieder die 1. und 2. Ableitung:

$$f'(x) = 3ax^2 + c$$
$$f''(x) = 6ax$$

Wir setzen wieder ein:

f(1) = 3:
$$a + c + 1 = 3$$
$$a + c = 2 \qquad (1)$$

f'(1) = 0:
$$3a + c = 0 \qquad (2)$$

(2)-(1):
$$2a = -2$$
$$a = -1$$

Und schon können wir c berechnen:
$$a + c + 1 = 3$$
$$-1 + c + 1 = 3$$
$$c = 3$$

Damit haben wir unsere Funktionsgleichung:

$$f(x) = -x^3 + 3x + 1$$

$$f'(x) = -3x^2 + 3$$
$$f''(x) = -6x$$
$$f'''(x) = -6$$

Überprüfen wir unsere Gleichung anhand unseres Hochpunkts:

$f'(1) = 0$ → ist ein Extremwert
$f''(1) = 6 < 0$ → ist ein Hochpunkt

Überprüfen wir unsere Gleichung anhand unseres Wendepunkts:

$f''(0) = 0$ und $f'''(0) = -6 \neq 0$ → Wendepunkt

Beide Punkte passen, damit ist unsere aufgestellte Funktionsgleichung richtig.

Jetzt kommt aber ein ganz großes „Aber": Aber was wäre, wenn ich nicht erkannt hätte, dass das eine verschobene Punktsymmetrie ist? Ebengerade hatte ich den Wendepunkt beim Lösen komplett unbeachtet gelassen. Nun müssen wir ihn mit einbeziehen.
Aber fangen wir wieder Vorne an. Wir sind uns sicher, dass es eine Funktion 3. Grades ist. Damit haben wir

$$f(x) = ax^3 + bx^2 + cx + d$$

mit den Ableitungen:
$$f'(x) = 3ax^2 + 2bx + c$$
$$f''(x) = 6ax + 2b$$
$$f'''(x) = 6a$$

Wir stellen unsere Gleichungen auf:

f(1) = 3:	$a + b + c + d = 3$	(1)	Punkt H
f(0) = 1:	$d = 1$	(2)	Punkt W
f'(1) = 0:	$3a + 2b + c = 0$	(3)	notw. Bedingung HP
f''(0) = 0:	$2b = 0$	(4)	notw. Bedingung WP
	$b = 0$	(4)	

$$(2) + (4) \text{ in } (1): \qquad a + c = 2 \qquad (5)$$
$$(4) \text{ in } (3): \qquad 3a + c = 0 \qquad (6)$$

$$(6)-(5): \qquad 2a = -2 \qquad (7)$$
$$a = -1$$

Fehlt uns nur noch c:

$$a + b + c + d = 3$$
$$-1 + 0 + c + 1 = 3$$
$$c = 3$$

Und wir erhalten auch auf diesem Weg unsere Funktionsgleichung:

$$f(x) = -x^3 + 3x + 1$$

(Die Überprüfung schenke ich mir, da es die gleiche ist, wie oben)

Wie schon bei den Aufgaben im letzten Kapitel, sollte man auch hier unbedingt verschiedene Aufgabentypen üben. Legen wir also los:

S.33; 11

A) Eine alte Kirche soll einen neuen Säulenbogen erhalten. Bestimme die ganzrationale Funktion 2. Grades der Innenseite des Bogens.

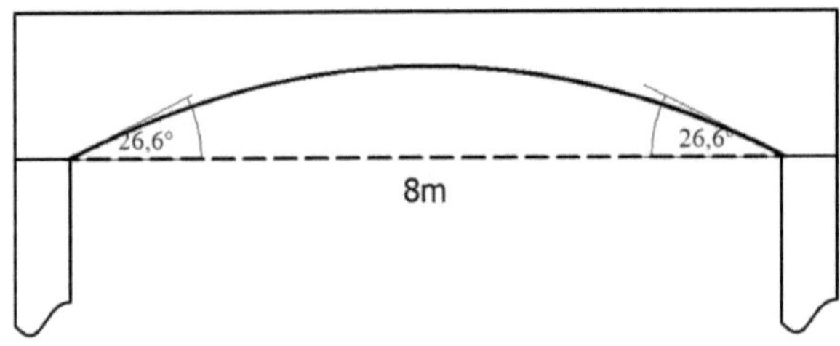

Fig. 23

Was wissen wir?
Es ist eine Funktion 2. Grades:

$$f(x) = ax^2 + bx + c$$

Der Bogen ist 8 m lang. Ich platziere den Bogen in meinem Koordinaten-system so, dass die Enden bei x = 4 bzw. x = -4 liegen.

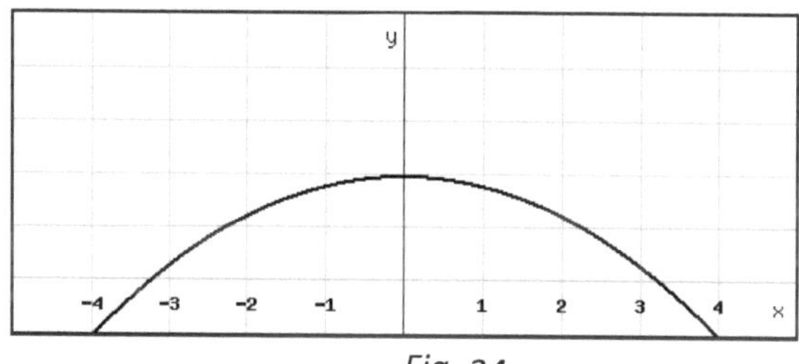

Fig. 24

Ich habe somit eine achssymmetrische Funktion, d.h., es ist eine gerade Funktion. Es bleibt übrig:

$$f(x) = ax^2 + c$$

Die Steigung bei x = -4 beträgt 26,6°:

$$m = tan(26,6^0) = 0,5$$

Die Steigung entspricht der 1. Ableitung:

$$f'(x) = 2ax$$

$$f'(-4) = 2a \cdot (-4) = 0,5$$

$$a = -\frac{1}{16}$$

Achtung Falle: bei x = 4 ist mit -26,6° zu rechnen.
Per Definition sind im Koordinatensystem alle Winkel gegen den Uhrzei-gersinn positiv und im Uhrzeigersinn negativ.

Wir haben inzwischen:

$$f(x) = -\frac{1}{16}x^2 + c$$

Um c zu berechnen, setzen wir einen der bekannten Endpunkte ein:

$$f(4) = 0: \qquad -\frac{1}{16} \cdot 4^2 + c = 0$$

$$c = 1$$

Damit haben wir unsere Funktionsgleichung:

$$f(x) = -\frac{1}{16}x^2 + 1$$

Jetzt müssen wir nur noch überprüfen, ob bei $x = 0$ tatsächlich ein Hochpunkt liegt:

$$f'(0) = 2 \cdot \left(-\frac{1}{16}\right) \cdot 0 = 0$$

$$f''(x) = -\frac{1}{8}$$

$$f''(0) = -\frac{1}{8} < 0$$

Bei $x = 0$ liegt ein Hochpunkt.

Wie du siehst, war meine Vorgehensweise in dieser Aufgabe etwas anders. Anstatt alle Gleichungen zu sammeln, bin ich stückweise vorangegangen. Wenn keine Vorgehensweise ausdrücklich gefordert ist, darfst du so vorgehen, wie du die Aufgabe am besten lösen kannst.

Machen wir zum Abschluss noch eine.

S.33; 12   *B) Du steht auf einem 5m hohem Podest und wirfst schräg nach oben einen Ball. Dieser kommt in 30m unter einem Winkel von 45° am Boden auf. Stelle eine Funktionsgleichung auf, die die Flugbahn beschreibt und berechne den höchsten Punkt des Balls.*

Machen wir wieder eine Skizze, damit wir uns überhaupt vorstellen können, was gegeben ist.
Ich lege meine Koordinatenkreuz so, dass die Wurfweite von 30 m rechts und links der x- Achse gleichmäßig aufgeteilt ist. Der Definitionsbereich ist also bei mir: *-15 ≤ x ≤ 15*

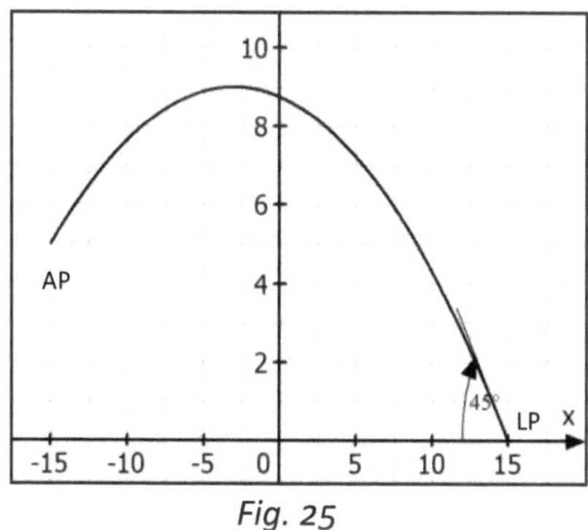

Fig. 25

Was haben wir dieses Mal? Sicherlich eine Funktion 2. Grades:

$$f(x) = ax^2 + bx + c$$

Ich bilde die Ableitungen:

$$f'(x) = 2ax + b$$
$$f''(x) = 2a$$

Stellen wir unsere Gleichungen aus den Vorgaben auf (3 Unbekannte →
3 Gleichungen sind notwendig):

f(-15) = 5: $\quad a(-15)^2 + b(-15) + c = 5$

$\qquad 225a - 15b + c = 5 \qquad$ (1) Abwurfpunkt AP

f(15) = 0: $\qquad 225a + 15b + c = 0 \qquad$ (2) Landepunkt LP

f'(15) = tan(-45°) = -1: $\qquad 30a + b = -1 \qquad$ (3) Steigung am LP

(1)-(2): $\qquad\qquad -30b = 5$

$$b = -\frac{1}{6} \quad (4)$$

(4) in (3): $\qquad\qquad 30a - \frac{1}{6} = -1$

$$a = -\frac{1}{36} \quad (5)$$

(4)+(5) in (2): $\qquad 225 \cdot \left(-\frac{1}{36}\right) + 15 \cdot \left(-\frac{1}{6}\right) + c = 0$

$$c = 8,75$$

Damit haben wir unsere Funktionsgleichung:

$$f(x) = -\frac{1}{36}x^2 - \frac{1}{6}x + 8{,}75$$

Berechnen wir noch den höchsten Punkt.
Notwendige Bedingung *f'(x) = 0*:

$$f'(x) = -\frac{1}{18}x - \frac{1}{6} = 0$$

$$x = -3$$

Hinreichende Bedingung:

$$f''(x) = -\frac{1}{18} < 0$$

Wir haben einen Hochpunkt bei *x= -3*.

Fehlt nur noch der y-Wert des Hochpunktes. Wir setzen in unsere Funktionsgleichung *x = -3* ein:

$$f(-3) = -\frac{1}{36}(-3)^2 - \frac{1}{6}(-3) + 8{,}75$$
$$f(-3) = 9$$

Der Ball erreicht eine maximalle Höhe von 9m.

Warum haben wir die Ausgangsfunktion nicht vereinfacht: Die Funktion ist doch 2. Grades, sicherlich achssymmetrisch zur y-Achse und dann nach „links" und nach „oben" verschoben worden, oder? Das stimmt. Wir könnten auch als Ansatz wählen:

$$f(x) = a(x - d)^2 + c$$

Dieses ist übrigens die Scheitelpunktform unserer Funktion.

> **Allgemeine Scheitelpunktform**
>
> $$f(x) = a(x - x_s)^2 + y_s \quad \text{mit}$$
>
> $(x_s|y_s)$: Scheitelkoordinaten der Parabel
> a : Formfaktor

Sehen wir uns mal diesen Weg an:

$$f(x) = a(x^2 - 2xd + d^2) + c$$
$$f'(x) = a(2x - 2d) = 2ax - 2ad$$
$$f''(x) = 2a$$

Wir stellen unsere Gleichungen auf:

f(-15) = 5:
$$a(225 + 30d + d^2) + c = 5$$
$$225a + 30ad + ad^2 + c = 5 \qquad (1)\ \text{AP}$$

f(15) = 0:
$$225a - 30ad + ad^2 + c = 0 \qquad (2)\ \text{LP}$$

f'(15) = tan(-45°) = -1:
$$30a - 2ad = -1$$
$$a(30 - 2d) = -1$$
$$a = \frac{-1}{30-2d} = \frac{1}{2d-30} \qquad (3)$$

(1)-(2):
$$5 = 60ad:$$
$$d = \frac{1}{12a} \qquad (4)$$

(3) in (4):
$$d = \frac{2d-30}{12}$$
$$12d = 2d - 30$$
$$\boldsymbol{d = -3} \qquad (5)$$

(5) in (3):
$$\boldsymbol{a} = \frac{1}{2 \cdot (-3) - 30} = \boldsymbol{-\frac{1}{36}} \qquad (6)$$

(5)+(6) in (2):
$$-\frac{225}{36} - 30 \cdot \left(\frac{-1}{36}\right) \cdot (-3) + \frac{-1}{36} \cdot (-3)^2 + c = 0$$
$$\boldsymbol{c = 9}$$

Damit haben wir unsere Funktionsgleichung:

$$f(x) = -\frac{1}{36}(x + 3)^2 + 9$$

Da es die Scheitelpunktform ist, können wir direkt die Koordinaten des Extrempunkts ablesen: (-3|9).
Und da die Parabel nach unten geöffnet ist (a < 0), handelt es sich um einen Hochpunkt.

Ergebnis: Unser Ball erreicht eine maximale Höhe von 9m

Multiplizieren wir die Funktion aus, so erhalten wir wieder

$$f(x) = -\frac{1}{36}x^2 - \frac{1}{6}x + 8{,}75$$

Welcher der beiden Wege nun besser oder schlechter ist, musst du entscheiden.
Die Scheitelpunktform kannst du übrigens immer bei Funktionen 2. Grades anwenden.

Grundsätzlich muss man aber sagen:
1. Eine Symmetrie mit Verschiebungen zu erkennen und dann die richtige Funktion aufzustellen, erfordert einige Erfahrung und Sicherheit bei den Eigenschaften von Funktionen.
2. Es heißt nicht, dass der Weg dann einfacher bzw. kürzer ist.

Im Zweifel würde ich immer den allgemeinen Ansatz wählen:

$$f(x) = a_n x^n + a_{n-1} x^{n-1} + \cdots + a_2 x^2 + a_1 x^1 + a_0$$

So, das sollte zunächst einmal genügen, um die Vorgehensweise bei diesen Aufgabenstellungen zu erläutern. Ich hoffe, du hast es halbwegs verstanden, auch wenn es einen zunächst erschlagen mag.

Bei der Lösung der Gleichungssysteme solltest du in Ruhe sehen, mit welcher Kombination du am einfachsten die Unbekannten berechnen kannst.
Wichtig ist bei allen Aufgaben, dass du so viele voneinander unabhängige Gleichungen aufstellst, wie du Unbekannten hast.
Und bitte beim Lösen der Gleichungssysteme sehr konzentriert vorgehen. Schnell ist mal ein Vorzeichen falsch oder ein Bruch falsch aufgelöst. (Oder du hast Glück und darfst das Gleichungssystem mit deinem GTR lösen.)

1.7 Funktionen mit Parametern

Nach diesen beiden nicht gerade einfachen Kapiteln nun mal wieder etwas nicht ganz so Schweres.

In diesem Kapitel geht es um Funktionen, die neben der Variablen x noch einen weiteren Parameter enthalten. In deinem Mathebuch ist der grundsätzliche Gedanke sehr gut beschrieben. Trotzdem hier kurz ein kleines Beispiel dazu:
Wir haben einen Zaun der Länge L und sollen eine Fläche damit einzäunen.
Die eingezäunte Fläche hat die Formel: $\qquad A = x \cdot y$
Sie ist abhängig von der Länge L des Zaunes: $\qquad L = 2(x + y)$

Ersetzen wir in der Flächenformel die Seite y durch ihre Beziehung mit der Länge L erhalten wir:

$$A = f(x) = x \left(\frac{L}{2} - x \right) = \frac{L}{2} x - x^2$$

Die Fläche A ist neben der Variablen x auch von der Länge L abhängig. Es gehört zu jedem L eine Funktion f_L, die jedem x den Funktionswert $f_L(x)$ zuordnet. Die Funktionen bilden einen **Funktionenschar**.

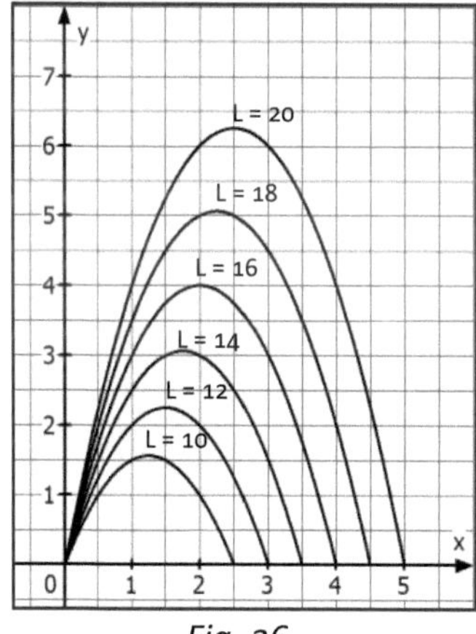

Fig. 26

Eigentlich nichts Weltbewegendes. Eine Funktionsschar gibt halt einen Überblick, wie sich meine zu untersuchende Größe verhält, wenn ich verschiedene Parameter einsetze, in unserem Fall verschiedene Zaunlängen L.

Und das war es auch schon mit diesem Kapitel. Aufgaben hierzu brauchen wir nicht zu üben, da diese oftmals mit dem GTR durchgeführt werden.

1.8 Funktionsscharen untersuchen

> **LERNZIELE:**
> - **Funktionenschar untersuchen**

Auch dieses Kapitel bringt nicht viel neues. Es wird darauf eingegangen, eine Funktionenschar zu untersuchen. Eigentlich würde es reichen, wenn du dir die entsprechende Seite 37 im Mathebuch anschaut (ja, es ist wirklich nur eine).
Trotzdem möchte ich mit dir zwei Aufgaben durchgehen.

A) Du hast die Funktionenschar f_a mit $f_a(x) = x^2 - 2ax + 4a - 6$ S.38; 3
1) Zeige, dass alle Graphen durch den Punkt P(2|-2) gehen.
2) Berechne die Koordinaten des Extrempunkts der Funktion f_a in Abhängigkeit von a.

1) Wir setzen einfach *x = 2* ein und prüfen, ob f_a an der Stelle *x = 2* von *a* unabhängig ist und immer *y = -2* herauskommt:

$$f_a(2) = 2^2 - 2 \cdot 2 \cdot a + 4a - 6$$

$$f_a(2) = 4 - 4a + 4a - 6 = -2$$

Ergebnis: Unabhängig, welches a wir in die Funktion einsetzen, beträgt der y-Wert an der Stelle x = 2 immer -2. D. h., alle Graphen der Funktionenschar gehen durch diesen Punkt

2) Wir leiten ab:

$$f_a(x) = x^2 - 2ax + 4a - 6$$

$$f_a'(x) = 2x - 2a$$

$$f_a''(x) = 2$$

Notwendige Bedingung für einen Extrempunkt: *f'(x) = 0*

$$f_a'(x) = 2x - 2a = 0$$

Ergibt: $\qquad x = a$

Hinreichende Bed.: $\quad f_a''(x) = 2 > 0$

An der Stelle x = a liegt bei jedem f_a ein Tiefpunkt.

Jetzt brauchen wir noch die y-Koordinate des Tiefpunktes: $x = a$

$$f_a(a) = a^2 - 2a \cdot a + 4a - 6$$

$$f_a(a) = -a^2 + 4a - 6$$

Ergebnis: $T\,(a \mid a^2 + 4a - 6)$

S.38; 4

B) Du hast die Funktionenschar $f_a(x) = ax^3 - 2ax$ $(a \neq 0)$.
1) Warum sind alle Graphen der Funktionenschar punktsymmetrisch?
2) Zeige, dass alle Graphen einen Hoch- und einen Tiefpunkt haben.
3) Bestimme die Wendetangentengleichung von f_a. Für welches a ist deren Steigung m = 6?

1) Unabhängig von a ist jede Funktion der Funktionenschar f_a eine ungerade Funktion (→es kommen nur ungerade Potenzen vor).
Ungerade Funktionen sind immer Punktsymmetrisch zum Ursprung.

2) Wir bilden die 1. und 2. Ableitung

$$f_a'(x) = 3ax^2 - 2a$$

$$f_a''(x) = 6ax$$

Notwendige Bedingung:

$$f_a'(x) = 3ax^2 - 2a = 0$$

$$x^2 = \frac{2}{3}$$

$$x_{1,2} = \pm\sqrt{\frac{2}{3}}$$

Alle Funktionen von f_a haben zwei Extrempunkte, und zwar unabhängig von a an denselben Stellen $x_1 = -\sqrt{\frac{2}{3}}$ und $x_2 = \sqrt{\frac{2}{3}}$.

Hinreichende Bedingung:

Für $x_1 = -\sqrt{\frac{2}{3}}$: $\qquad f_a''\left(-\sqrt{\frac{2}{3}}\right) = 6a \cdot \left(-\sqrt{\frac{2}{3}}\right)$

Für a < 0: $\qquad f_a''\left(-\sqrt{\frac{2}{3}}\right) > 0$ hier liegt ein Tiefpunkt

Für a > 0: $\qquad f_a''\left(-\sqrt{\frac{2}{3}}\right) < 0$ hier liegt ein Hochpunkt

Für $x_2 = \sqrt{\frac{2}{3}}$: $\qquad f_a''\left(\sqrt{\frac{2}{3}}\right) = 6a \cdot \left(\sqrt{\frac{2}{3}}\right)$

Für a < 0: $\qquad f_a''\left(\sqrt{\frac{2}{3}}\right) > 0$ hier liegt ein Hochpunkt

Für a > 0: $\qquad f_a''\left(\sqrt{\frac{2}{3}}\right) < 0$ hier liegt ein Tiefpunkt

Ergebnis: alle Funktionen der Funktionenschar f_a haben einen Hoch- und einen Tiefpunkt.

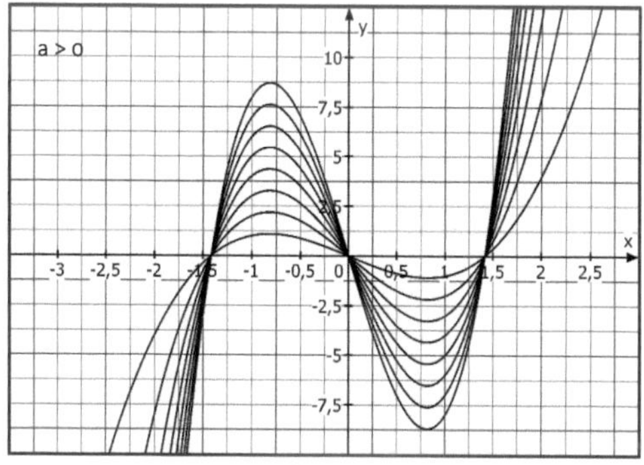

Fig. 27

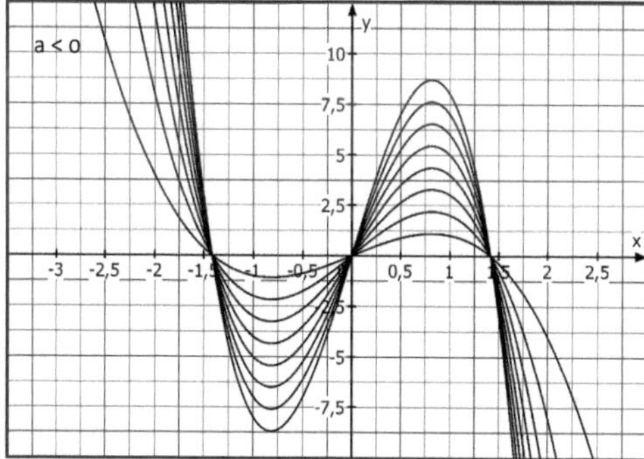

Fig. 28

3) Wir müssen zunächst den Wendepunkt bestimmen.

Notwendige Bedingung $f''(x) = 0$:

$$f_a''(x) = 6ax = 0 \quad (a \neq 0)$$
$$x = 0$$

Unser Wendepunkt liegt bei $x = 0$.

Jetzt brauchen wir die Steigung im Punkt $x = 0$:

$$f_a'(x) = 3ax^2 - 2a$$
$$f_a'(0) = -2a$$

Wir wissen also, dass die Steigung jeder Wendetangente $m = -2a$ ist.

Wir sollten bestimmen, für welches a die Wendetangentensteigung $m = 6$ ist:

$$-2a = 6$$
$$a = -3$$

Okay, das war's auch schon für dieses Kapitel. Ich glaube, dass der Inhalt gut zu verstehen ist.
Und damit sind wir auch durch mit dem 1. Abschnitt der „ganzrationalen Funktionen".
Nun eine kleine Pause, bevor es weiter geht!

2 Integral

2.1 Rekonstruktion einer Größe

LERNZIELE:
- **Was ist die Integralrechnung?**
- **Orientierter Flächeninhalt**

Kommen wir nun zu einem ganz neuen Thema, der **Integralrechnung**. Was hat es damit auf sich?

Dazu möchte ich kurz wiederholen, was wir bisher gemacht haben. Wir haben z. B. ein Auto und stellen dessen Fahrstrecke s über die Zeit t mit der Funktion *s(t)* dar. Die mittlere Geschwindigkeit *v* des Autos über einen Zeitabschnitt *Δt* erhalten wir, wenn wir einen Wegabschnitt *Δs* durch den entsprechenden Zeitabschnitt *Δt* teilen:

$$v = \frac{\Delta s}{\Delta t}$$

Wenn die Abschnitte sehr klein werden (*Δs zu ds und Δt zu dt*), erhalten wir die momentane Geschwindigkeit des Autos. Wir wissen, dass dieses der Steigung des Graphen *s(t)* zu einem beliebigen Punkt t entspricht. Es wird durch die 1. Ableitung von *s(t)* ausgedrückt:

$$v(t) = \frac{ds}{dt} = s'(t)$$

Wenn wir nun wiederum die Geschwindigkeit ableiten, erhalten wir die Beschleunigung *a*:

$$a = \frac{dv}{dt} = v'(t) = s''(t)$$

So weit, so gut. Das hatten wir ja nun ausführlich seit dem letzten Schuljahr, nicht wahr?

Die Frage, die man sich aber stellen könnte, ist: wie komme ich z. B. von einem bekannten Beschleunigungsverlauf zum dazugehörigen Geschwindigkeitsverlauf bzw. von einem bekannten Geschwindigkeitsverlauf auf den entsprechenden Streckenverlauf?

Und genau dafür ist die Integralrechnung da. Vereinfacht ausgedrückt: Wir können eine Ableitung rückgängig machen.

Dieses wollen wir in den nächsten Kapiteln erarbeiten.

Fangen wir mit einem ersten Schritt an.

Wir haben unser besagtes Auto, dessen Geschwindigkeit wir während der Fahrt für 6 Minuten aufgezeichnet haben (natürlich stark vereinfacht):

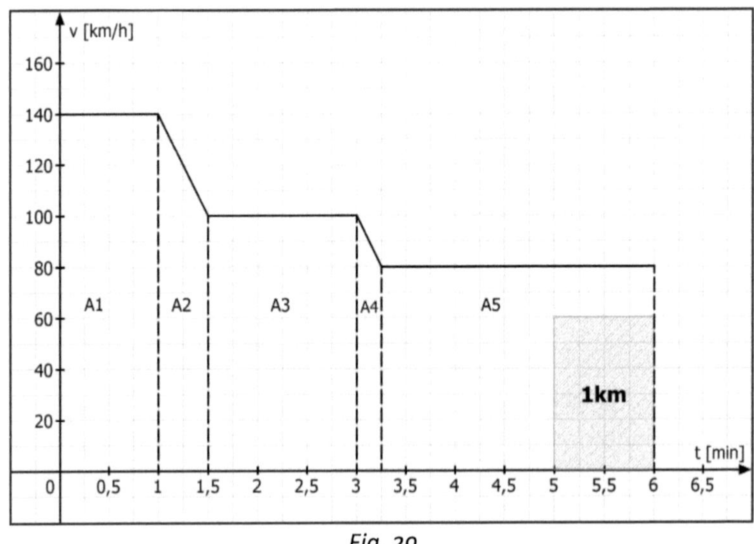

Fig. 29

Wir haben in unserem Beispiel (Fig. 29) fünf Intervalle A1-A5.

Grundsätzlich wissen wir, dass $s = \Delta v \cdot \Delta t$ ist.

Im Intervall A1[0;1] beträgt die Geschwindigkeit 140 km/h. In dieser ersten Minute haben wir somit einen Weg von $\frac{1}{60}h \cdot 140\frac{km}{n} = 2\frac{1}{3}km$ zurückgelegt.

Im 2. Intervall A2[1; 1,5] bremsen wir ab. In dieser halben Minute legen wir einen Weg von $\frac{0,5}{60}h \cdot 100\frac{km}{h} + \frac{0,5}{60}h \cdot \frac{(140-100)}{2}\frac{km}{h} = 1km$ zurück.

Im nächsten Intervall A3[1,5; 3] bleibt die Geschwindigkeit konstant und der zurückgelegte Weg beträgt hier $\frac{1,5}{60}h \cdot 100\frac{km}{h} = 2,5km$.

usw.

Unsere zurückgelegte Strecke kann im Diagramm durch **Flächeneinhei-ten** dargestellt werden, die **zwischen** unserem **Graphen** der Geschwin-digkeit und der **x-Achse** (entspricht der Zeit) gebildet werden.

Wenn wir nun die Flächeneinheiten aller 5 Intervalle addieren, bekom-men wir die Gesamtstrecke für unseren Beobachtungsintervall [0;6].

$$s = A_1 + A_2 + A_3 + A_4 + A_5$$

$$s = (2{,}33 + 1 + 2{,}5 + 0{,}375 + 3{,}67)\,km$$

$$s = 9{,}875\,km$$

Über die Flächeneinheiten konnten wir also von der Geschwindigkeit auf die Strecke rückschließen.

In unserem Fall trat es gerade nicht auf, da wir nicht rückwärtsgefahren sind: ein **Graph** kann **oberhalb** und **unterhalb** der **x-Achse** verlaufen.

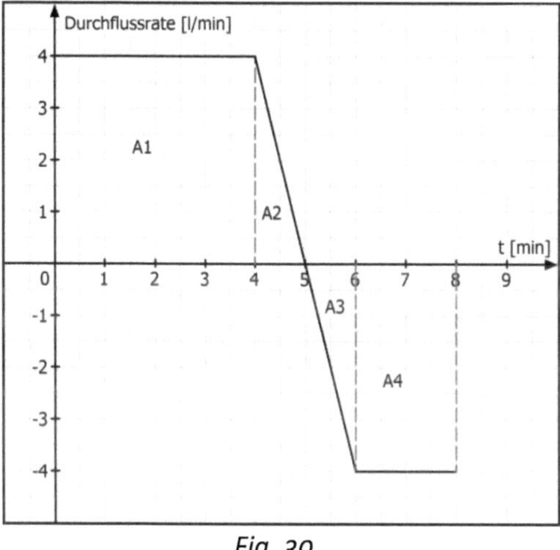

Fig. 30

Flächen oberhalb der x-Achse gelten als positiv und unterhalb der x-Achse als negativ. D. h., die **Flächeninhalte** haben eine **Orientierung**.

Sehen wir uns das einmal für dieses Beispiel an:

Wir pumpen über einen Schlauch zunächst Wasser in einen Behälter und saugen es danach über den gleichen Schlauch wieder ab (s. Fig. 30).

Intervall	[0;4]	[4;5]	[5;6]	[6;8]	Insge-samt
Volumen-änderung	16 l	2 l	-2 l	-8 l	8 l
Flächeninhalt	+16 FE	+2 FE	+2 FE	+8 FE	28 FE
orientierter Flächeninhalt	+16 FE	+2 FE	-2 FE	-8 FE	8 FE

Insgesamt sind durch den Schlauch 28 Liter geflossen, im Behälter sind nach 8 Minuten aber nur 8 Liter.

Wichtig: Bei Aufgabenstellungen kann es sein, dass z. B. der Zufluss und der Abfluss positiv dargestellt werden. In unserem Beispiel würde das dann der Fall sein, wenn wir jeweils einen Schlauch für den Zufluss und den Abfluss haben. Hier musst du aufpassen, denn der Abfluss wirkt sich natürlich trotzdem negativ auf die Änderung des Behälterinhalts aus.

Zusammengefasst:

- Wir haben eine Funktion f, die die Änderung einer Größe darstellt (z. B. über die Zeit).
- Wir haben ein Intervall [a;b].
- Für das Intervall bilden wir Flächeneinheiten, die zwischen unserem Graphen und der x-Achse entstehen.
- Diese Flächeneinheiten haben eine Orientierung (plus/minus).
- Wenn wir die Flächeneinheiten addieren, erhalten wir die Gesamtänderung der Größe zwischen a und b.

So, dass soll genügen. Schnell noch zwei Übungsaufgaben.

A) Unser Behälter hat einen Zufluss- und einen Ablaufschlauch und es S.52; 2
wurden die momentanen Durchflussraten der Schläuche aufgezeich-
net. Zu Beginn der Aufzeichnung war der Behälter bereits mit 5 Liter
gefüllt. Wieviel befindet sich nach $2\frac{1}{2}$*, 7 und 10 Minuten im Behälter?*

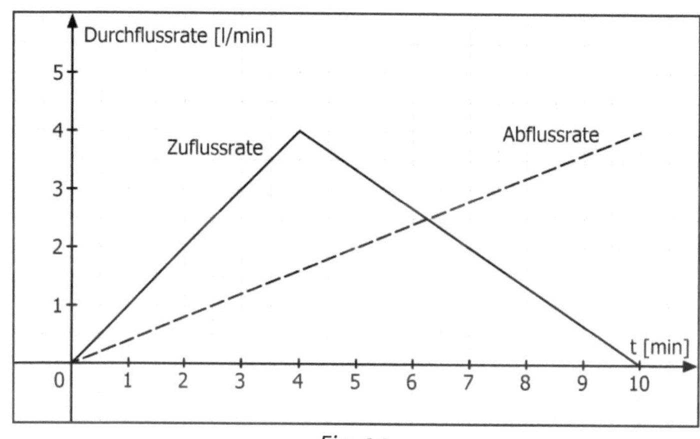

Fig. 31

1) In unserem Diagramm sind sowohl Zufluss als auch Abfluss positiv dargestellt. Dennoch haben die Flächeninhalte des Abflusses bei der Betrachtung der Volumenänderung im Behälter einen negativen Wert.

Untersuchen wir die Intervalle:

$[0;2,5]$: Zufluss $= \frac{1}{2} \cdot 2,5 \frac{l}{min} \cdot 2,5min = 3,125l$

Abfluss $= \frac{1}{2} \cdot 1 \frac{l}{min} \cdot 2,5min = 1,25l$

Behälterinhalt = Startwert + Zufluss − Abfluss

Behälterinhalt $= 5l + 3,125l - 1,25l = 6,875l$

$[0;7]$:   Zufluss $= \frac{1}{2} \cdot 4min \cdot 4 \frac{l}{min} + 3min \cdot 2 \frac{l}{min} + \frac{1}{2} \cdot 3min \cdot 2 \frac{l}{min}$

Zufluss $= 17l$

Abfluss $= \frac{1}{2} \cdot 7min \cdot 2,8 \frac{l}{min} = 9,8l$

Behälterinhalt = Startwert + Zufluss − Abfluss

Behälterinhalt $= 5l + 17l - 9{,}8l = 12{,}2l$

[0;10]: Zufluss $= \frac{1}{2} \cdot 4min \cdot 4\frac{l}{min} + \frac{1}{2} \cdot 6min \cdot 4\frac{l}{min} = 20l$

Abfluss $= \frac{1}{2} \cdot 10min \cdot 4\frac{l}{min} = 20l$

Behälterinhalt = Startwert + Zufluss − Abfluss

Behälterinhalt $= 5l + 20l - 20l = 5l$

S.52; 4   *B) Das Diagramm zeigt die Vertikalgeschwindigkeit v (positiv bei Auf-*
wärtsbewegung) eines Heißluftballons in Abhängigkeit von der Fahr-
zeit t. Der Ballon startet zum Zeitpunkt t = 0 in 300 m Höhe über NN.

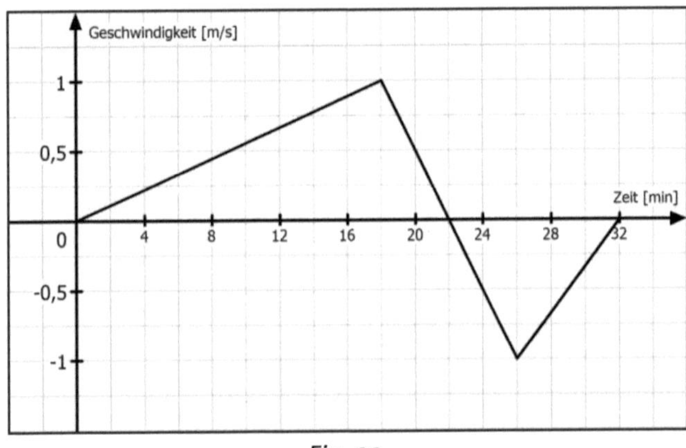

Fig. 32

1) Wie hoch ist der Ballon nach 18 Minuten über NN?
2) Auf welcher Höhe über NN ist er gelandet?
3) Wann wurde die maximale Höhe erreicht? Wie groß war diese?

1) Die Höhe entspricht der Starthöhe plus der vertikal zurückgelegten Strecke. Diese Strecke erhalten wir, wenn wir den Flächeninhalt zwischen Graph und der x-Achse bilden. Wir müssen die Minuten in Sekunden umrechnen: 18 min $\triangleq$ 1080 s.

$$s = \frac{1}{2} \cdot 1080s \cdot 1\frac{m}{s} = 540m$$

Gesamthöhe = Starthöhe + s = 300m + 540m = 840 m

Ergebnis: Nach 18 Minuten hat der Ballon eine Höhe von 840 Meter erreicht.

2) Gelandet ist er nach 32 Minuten. Im Intervall [0;22] steigt er, im Intervall [22;32] sinkt der Ballon wieder.

Intervall [0;18]:

s = 540m (haben wir gerade berechnet)

Intervall [18;22]:

$$s = \frac{1}{2} \cdot 240s \cdot 1\frac{m}{s} = 120m$$

Intervall [22;26]:

$$s = \frac{1}{2} \cdot 240s \cdot -1\frac{m}{s} = -120m$$

Intervall [26;32]:

$$s = \frac{1}{2} \cdot 360s \cdot -1\frac{m}{s} = -180m$$

Gesamthöhe = Starthöhe + Summe aller Strecken
Gesamthöhe = 300m + 540m + 120m - 120m - 180m
Gesamthöhe = 660m

Ergebnis: Der Ballon ist auf einer Höhe von 660m gelandet.

3) Im Intervall [0;22] steigt der Ballon, danach sinkt er nur noch. D. h., er hat nach 22 Minuten seine maximale Höhe erreicht. Die Strecken der Intervalle können wir aus Aufgabe 2 ablesen:

Gesamthöhe = Starthöhe + Summe aller positiven Strecken
Gesamthöhe = 300m + 540m + 120m = 960m

Ergebnis: Seine maximale Höhe lag bei 960 Meter.

2.2   Das Integral

Im letzten Kapitel haben wir es uns einfach gemacht, wir haben nur lineare Funktionen verwendet. Dadurch war es kein Problem, die orientierenden Flächeninhalte zu berechnen.
Aber was mache ich, wenn ich ganzrationale Funktionen habe?
In deinem Mathebuch ist die Idee, wie man dieses Problem angeht, sehr gut erklärt. Ich werde dieses an der gleichen Funktion $f(x) = x^2$ noch einmal wiederholen. Wenn du die Ausführungen im Mathebuch verstanden hast, kannst du den folgenden Abschnitt ruhig   überspringen und gleich zu den Anwendungs- bzw. Übungsaufgaben gehen.

Wir möchten im Intervall [0;1] die Fläche zwischen der Funktion $f(x) = x^2$ und der x-Achse bestimmen. Hierzu können wir uns der gesuchten Fläche annähern, indem wir unter dem Graphen Rechtecke bilden.
Wenn wir das Intervall von Null bis Eins z. B. in vier <u>gleich breite</u> Abschnitte aufteilen wollen, so haben wir zwei Möglichkeiten, dieses zu tun:

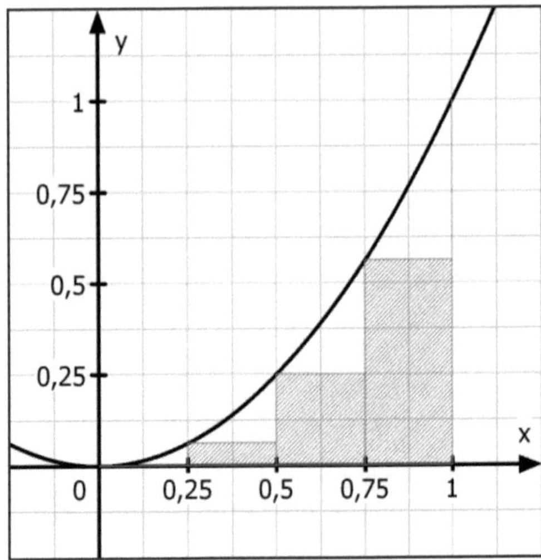

Fig. 33

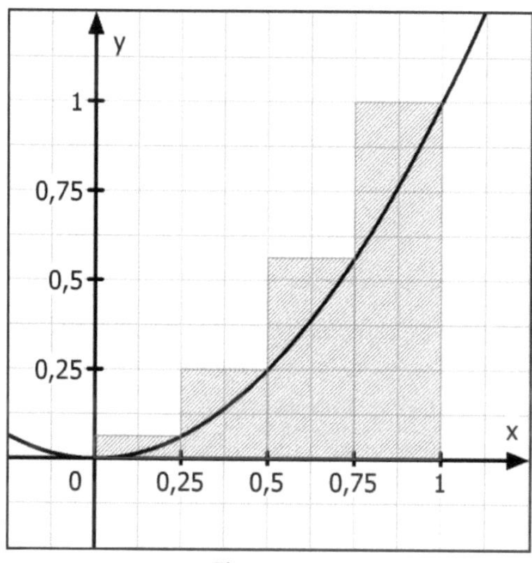

Fig. 34

In Fig. 33 wird unsere ermittelte Fläche zu klein sein. Man nennt das die **Untersumme**.

In Fig. 34 wird die Fläche zu groß sein; es wird daher **Obersumme** genannt.

Der tatsächliche Wert wird sicherlich zwischen beiden Flächen liegen.

Jetzt gehen wir gedanklich einen Schritt weiter. Was passiert, wenn ich anstatt der vier Unterteilungen 100 wähle oder 1000?

Die Vermutung liegt nahe, dass erstens die Differenz zwischen der Unter- und Obersumme immer kleiner wird; und zweitens, dass wir uns mit beiden Summen immer mehr dem tatsächlichen Wert nähern werden. Wenn wir eine Auswertung vornehmen würden, dann hätte sich folgendes ergeben:

Anzahl n an Teilintervalle	4	100	1000
Untersumme U_n	≈0,2188	≈0,3284	≈0,3328
Obersumme O_n	≈0,4688	≈0,3384	≈0,3338

Wenn ich die Anzahl an Unterteilungen gegen Unendlich laufen lassen, liegt die Vermutung nahe, dass ich für die Fläche A erhalte:

$$A = \lim_{n\to\infty} U_n = \lim_{n\to\infty} O_n = \frac{1}{3}$$

Limes

Das Symbol $\lim\limits_{x\to p} f(x)$, gelesen „Limes f von x für x gegen p", bezeichnet den Limes der reellen Funktion f für den **Grenzübergang** der Variablen **x gegen p**. Dabei kann p sowohl eine reelle Zahl (häufig 0) sein als auch einer der symbolischen Werte $+\infty$ und $-\infty$.

Die Funktion *f(x)* **nähert sich** einem **Grenzwert** p.

Die Flächeninhalte der Unter- und Obersummen sind orientiert (plus/minus); man verfährt wie bei unseren linearen Funktionen im letzten Kapitel. Da gibt es keinen Unterschied zu den ganzrationalen Funktionen.

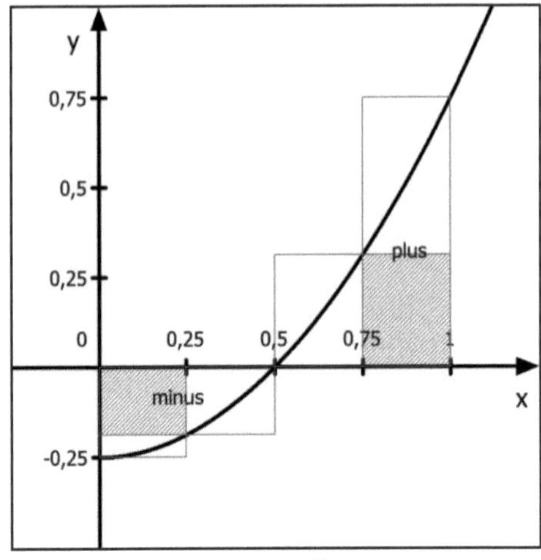

Fig. 35

So, und nun gehen wir den letzten Schritten:

Dieser Grenzwert $\lim\limits_{n\to\infty} U_n = \lim\limits_{n\to\infty} O_n$ wird **Integral** genannt.

Wir halten fest:

- f ist eine Funktion im Intervall [a; b].
- n ist die Anzahl der Teilintervalle.
- U_n und O_n sind die Unter- bzw. Obersumme von orientierten Rechteckflächen.
- Der Grenzwert $\lim\limits_{n\to\infty} U_n = \lim\limits_{n\to\infty} O_n$ heißt **Integral** der Funktion f zwischen den Grenzen a und b.

Hierfür gibt es eine eigene Schreibweise:

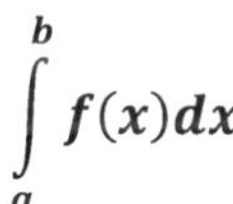

$$\int_a^b f(x)dx$$

Integral von _f(x)_ von a bis b

Noch eine kurze Erklärung, was was bedeutet:

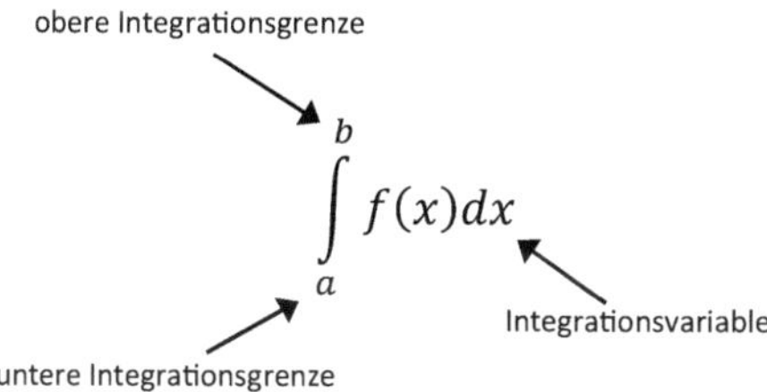

Die Integrationsvariable (hier: _dx_) zeigt nur an, dass nach dieser Variablen integriert wird. Z. B.:

$$\int_{-1}^{1} (2x + 1)\, dx$$

Die Funktion (_2x+1_) soll in den Grenzen [-1;1] nach _dx_ integriert werden.

So, dass war alles doch ein wenig theoretisch und ehrlicher weise kann man damit auch noch nicht allzu viel anfangen.
Sehen wir uns das Ganze trotzdem mal an einem konkreten Beispiel an.

S.56; 6   Nehmen wir dazu das obige Intergral $\int_{-1}^{1}(2x+1)\,dx$.

Wir sollen also im Intervall -1 bis 1 den Flächeninhalt zwischen der Funktion (2x+1) und der x-Achse berechnen. Sehen wir uns den entsprechenden Graphen an:

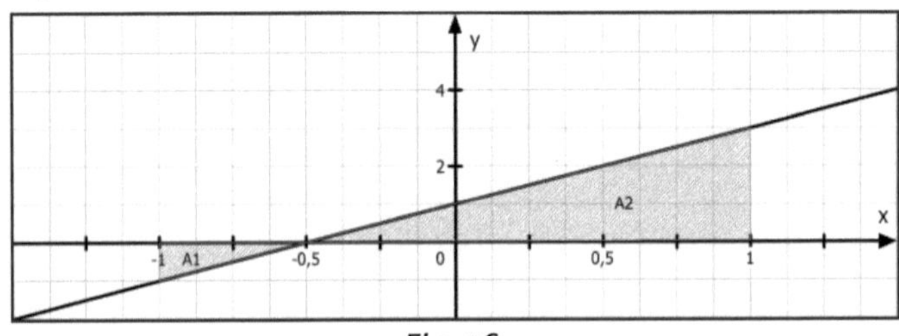

Fig. 36

Wir bestimmen die Flächen: A1 = 0,25; A2 = 2,25

und setzen diese mit Orientierung ein und erhalten:

$$\int_{-1}^{1}(2x+1)\,dx = -A1 + A2 = 2$$

Ergebnis: Die Funktion *f(x) = 2x+1* hat im Intervall [-1;1] einen Flächeninhalt von 2.

Machen wir noch zwei kleine Übungen:

S.56; 3   *A)*

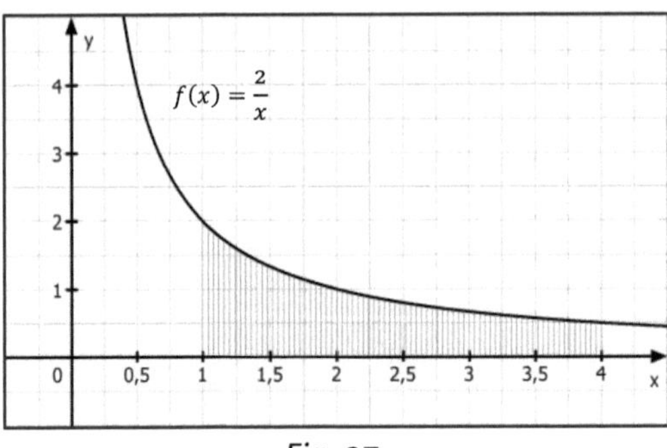

Fig. 37

1) Schreibe den Inhalt der gestrichelten Fläche als Integral.
2) Berechne U_3 und O_3 sowie U_6 und O_6.

1) Wir haben

- die Funktion $f(x) = \dfrac{2}{x}$,
- die untere Grenze 1,
- sowie die obere Grenze 4.
- Unsere Integrationsvariable ist dx.

Damit können wir das Integral aufstellen:

$$\int_1^4 \left(\frac{2}{x}\right) dx$$

2) Fertigen wir zunächst eine Skizze an:

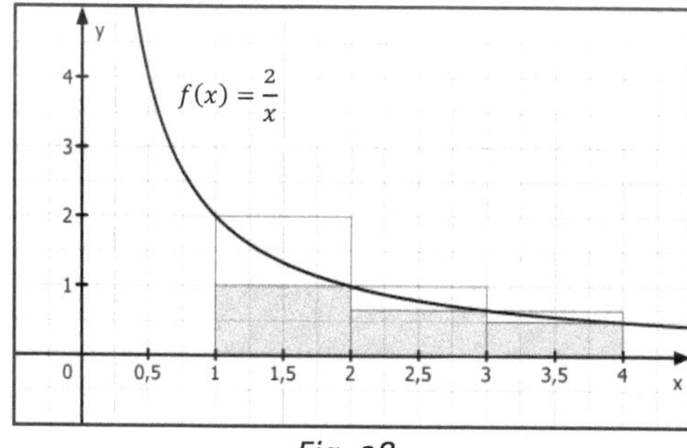

Fig. 38

Wir berechnen ganz einfach die Rechteckflächen:
$U_3 = 1 + 0{,}667 + 0{,}5 = 2{,}167$
$O_3 = 2 + 1 + 0{,}5 = 3{,}5$

Für sechs Unterteilungen wähle ich mal einen anderen Weg. Ich lege dieses Mal nämlich eine Tabelle an. Die konstante Balkenbreite Δx liegt nun bei 0,5. Ich berechne zunächst die y-Werte für die Rechtecke der Unter- und Obersumme und anschließend die einzelnen Flächen mit $A_n = y_n \cdot 0{,}5$:

	O_n			U_n	
n	x-Wert	$y_n = 2/x$	$A_n = y_n \cdot 0{,}5$	x-Wert	$y_n = 2/x$	$A_n = y_n \cdot 0{,}5$
1	1	2	1	1,5	1,333	0,667
2	1,5	1,333	0,667	2	1	0,5
3	2	1	0,5	2,5	0,8	0,4
4	2,5	0,8	0,4	3	0,667	0,333
5	3	0,667	0,333	3,5	0,571	0,286
6	3,5	0,571	0,286	4	0,5	0,25
Summe			3,189			2,439

S.57; 9

B) Entscheide, ob folgende Integrale positiv, null oder negativ sind (ohne Rechnung).

$$1)\ \int_{10}^{50} x^4\,dx \qquad 2)\ \int_{-10}^{50} x^4\,dx \qquad 3)\ \int_{-10}^{10} x^3\,dx \qquad 4)\ \int_{-\pi}^{\pi} \cos(x)\,dx$$

1) x^4 ist ein gerade Funktion. Es ist eine nach oben geöffnete Parabel, die nicht verschoben wurde. Daher kann es nur positive y-Werte geben. Damit ist das Integral positiv.

2) Wie wir bereits festgestellt haben, ist x^4 ist eine gerade Funktion und damit symmetrisch zur y-Achse. Damit ergeben auch bei negativen x-Werten ein positiven y-Wert → Das Integral ist positiv.

3) x^3 ist eine ungerade Funktion und damit punktsymmetrisch zum Ursprung. Da beide Grenzen symmetrisch sind, ist die negative Fläche (entstehend bei negativen x-Werten) und die positive Fläche (→ positive x-Werte) gleich groß → das Integral ist gleich null.

4) Eine cos-Funktion durchläuft innerhalb von 2π eine Periode. Positive und negative Flächen sind dabei gleich groß → das Integral ist gleich null.

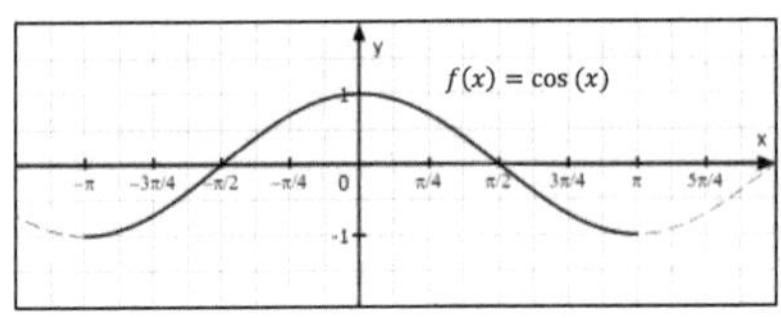

Fig. 39

2.3 Der Hauptsatz der Differenzial- und Integralrechnung

> **LERNZIELE:**
> - **Stammfunktion**
> - **Hauptsatz der Differenzial- und Integralrechnung**

Der Inhalt dieses Kapitels bereitet dem einen oder anderen einige Schwierigkeiten. Auch hier steht das Wesentliche in deinem Mathebuch (s. 58-59). Ich versuche es nun mit meinen Worten:

Wenn wir die Flächeninhalte einer Funktion $f(x)$ für ein Intervall I berechnen, so kann man diese Flächenberechnung auch mit einer Funktion ausdrücken.

Z. B. wenn $f(x) = 2$ ist, ist die Flächenfunktion $F(x) = 2x$.
Oder, wenn $f(x) = 2x$ ist, dann entspricht die Fläche der Formel $F(x) = x^2$
(= Dreiecksfläche $0{,}5 \cdot x \cdot 2x$).

Was bei beiden Beispielen auffällt ist, dass jedes Mal $f(x)$ die 1. Ableitung von $F(x)$ ist: $F'(x) = f(x)$

D. h., zu jeder Funktion $f(x)$ können wir für ein Intervall I eine Funktion $F(x)$ aufstellen, die der Fläche entspricht und bei der $F'(x) = f(x)$ ist.

Diese Funktion $F(x)$ wird **Stammfunktion** genannt. 

(Es ist übrigens üblich, Stammfunktionen immer mit Großbuchstaben zu bezeichnen.)

Soweit sollte es noch nachvollziehbar sein. Das folgende ist dann schon etwas abgehobener:
Wir nehmen einmal an, wir haben im Intervall I für die Funktion f **zwei** Stammfunktionen F und G. Wenn dieses der Fall sein sollte, dann sind diese beiden Stammfunktionen über eine Konstante c verknüpft:

$$F(x) = G(x) + c$$

(mit $c \in \mathbb{R}$ und $x \in I$)

Mit anderen Worten:
Die Stammfunktion $F(x)$ ist eine um c in y-Richtung verschobene Stammfunktion $G(x)$ (im Intervall I).

Daraus folgt, dass es zu einer Funktion *f(x)* nicht nur eine Stammfunktion geben muss. Es können auch (unendliche viele) weitere möglich sein, die jeweils um eine jeweilige Konstante c in y-Richtung verschoben sind.

Betrachten wir nun den **Einfluss** der **Grenzen** a und b unseres Intervalls. Du hast z. B. das Integral $\int_a^b 2x\,dx$ und möchten die Fläche zwischen den Grenzen 3 und 6 bestimmen.

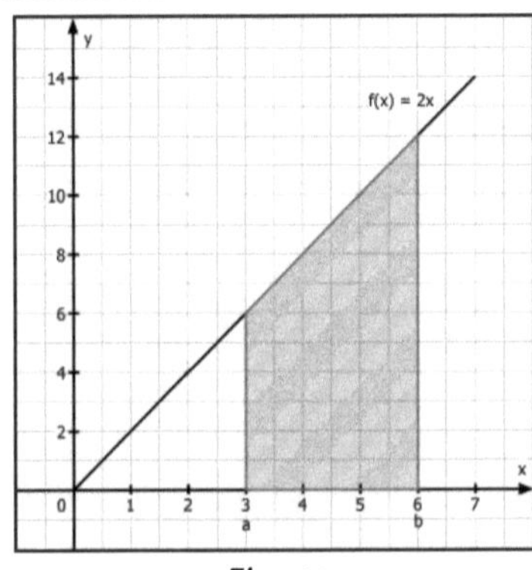

Fig. 40

Hierzu kannst du zunächst die Fläche von 0 bis 6 berechnen und dann die Fläche von 0 bis 3 davon abziehen:

$$\int_3^6 2x\,dx = \int_0^6 2x\,dx - \int_0^3 2x\,dx$$

Du hast:

$$\int_3^6 2x\,dx = F(6) - F(3)$$

Damit haben wir eine Gesetzmäßigkeit für alle im Intervall I [a;b] stetigen Funktionen gefunden, nämlich den

Hauptsatz der Differenzial- und Integralrechnung:

Für eine stetige Funktion *f(x)* gilt für das Intervall I [a;b]:

$$\int_a^b f(x)\,dx = F(b) - F(a)$$

wobei F eine beliebige Stammfunktion von f im Intervall [a;b] ist.
(Den Beweis hierfür kannst du dir in Ruhe im Mathebuch ansehen)

Da $f(x) = F'(x)$ ist, muss man zur Bestimmung der Stammfunktion die Ableitung „rückgängig machen".

In unserem Fall $f(x) = 2x$ → $F(x) = x^2$

Wenn man die Stammfunktion bestimmt hat, gibt es für das Ergebnis eine spezielle Schreibweise:

$$\int_3^6 2x\,dx = [x^2]_3^6 = 6^2 - 3^2 = 27$$

D. h., ich bestimme die Stammfunktion, setze sie in eckige Klammern und schreibe die Grenzen a und b daran. Nun weiß ich, wie ich die Differenz bilden muss. In unserem Beispiel: $b^2 - a^2$.

In diesem Beispiel war es relativ einfach auf die Stammfunktion zu kommen. Das ist nicht immer der Fall. Aber darum kümmern wir uns später. Jetzt machen wir zum Abschluss des Kapitels erst einmal ein paar Übungen.

A) Prüfe, ob F eine Stammfunktion von f ist. S.61; 2

1) $f(x) = 4x^3 + 3x^2 - 2$; $F(x) = x^4 + x^3 + 2x$
2) $f(x) = 2(2x - 3)$; $F(x) = 2x(x - 3)$
3) $f(x) = 2x^3$; $F(x) = \frac{1}{2}x^4 + \sqrt[3]{57}$

Wenn F eine Stammfunktion von f sein soll, muss $f(x) = F'(x)$ erfüllt sein. Das prüfen wir für alle Aufgaben.

1) $F'(x) = 4x^3 + 3x^2 + 2 \neq f(x) = 4x^3 + 3x^2 - 2$

    → F ist keine Stammfunktion von f

2) $F(x) = 2x^2 - 6x$
      $F'(x) = 4x - 6 = f(x) = 2(2x - 3) = 4x - 6$

    → F ist eine Stammfunktion von f

3) $\quad F'(x) = 2x^3 = f(x) = 2x^3$

$\rightarrow$ F ist eine Stammfunktion von f

S.61; 4   *B) Berechne das Integral mit Hilfe des Hauptsatzes*

1) $\int_0^5 x\,dx$ *2)* $\int_1^4 3x^2\,dx$ *3)* $\int_8^{18} 3\,dx$

1) Wir benötigen die Stammfunktion. Da f(x) nur eine Potenz enthält (x^1), gehen wir auch bei der Stammfunktion von nur einer Potenz aus:

$$F(x) = ax^n$$
$$F'(x) = a \cdot nx^{n-1}$$
$$f(x) = x$$

Durch Vergleich der Exponenten können wir erkennen, dass *n = 2* ist. Damit muss a = 0,5 sein: a · 2 = 1
Wir haben unsere Stammfunktion: $F(x) = \frac{1}{2}x^2$

$$\int_0^5 x\,dx = \left[\frac{1}{2}x^2\right]_0^5 = \frac{1}{2}5^2 - \frac{1}{2}0^2 = 12,5$$

2) Wir bestimmen die Stammfunktion:

$$F(x) = ax^n$$
$$F'(x) = a \cdot nx^{n-1}$$
$$f(x) = 3x^2$$

Durch Vergleich der Exponenten erkennen wir: *n = 3*
Damit ist *a = 1*
Stammfunktion: $F(x) = x^3$

$$\int_1^4 3x^2\,dx = [x^3]_1^4 = 4^3 - 1^3 = 63$$

3) Wir bestimmen die Stammfunktion:

$$F(x) = ax^n$$
$$F'(x) = a \cdot nx^{n-1}$$
$$f(x) = 3$$

n muss 1 sein. Damit können wir a ausrechnen: a = 3
Stammfunktion: $F(x) = 3x$

$$\int_8^{18} 3dx = [3x]_8^{18} = 3 \cdot 18 - 3 \cdot 8 = 30$$

C) Stelle für den markierten Bereich das Integral auf und berechne es.   S.62; 14

1) 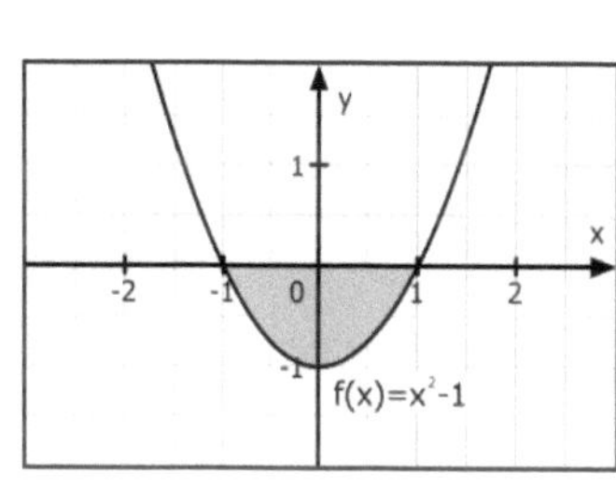

Fig. 41

2) 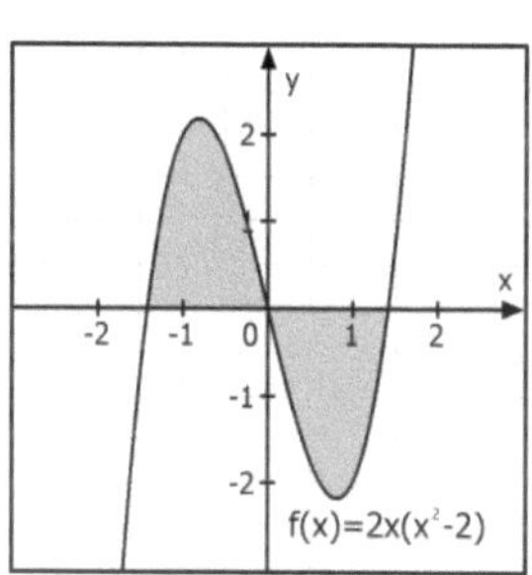

Fig. 42

1) Im Prinzip ist es die gleiche Aufgabe, wie in B. Wir müssen zunächst die Stammfunktion bestimmen.
Da *f(x)* mehrere Potenzen enthält (x^2 und x^0), müssen wir dieses auch bei der Stammfunktion berücksichtigen:

$$f(x) = x^2 - 1$$
$$F'(x) = a \cdot nx^{n-1} + b \cdot (n-1)x^{n-2} + c \cdot (n-2)x^{n-3}$$
$$F(x) = ax^n + bx^{n-1} + cx^{n-2}$$

Wir beginnen mit der höchsten Potenz: 2

$$a \cdot nx^{n-1} = x^2$$

Damit ergibt sich: *n= 3* und $a = \dfrac{1}{3}$

Wir können für *F'(x)* schon einmal festhalten:

$$F'(x) = \frac{1}{3} \cdot 3x^2 + b \cdot (3-1)x^1 + c \cdot (3-2)$$

In *f(x)* existiert kein x^1. Damit ist *b = 0*.
Der mittlere Summand entfällt.

Benötigen wir noch c:

$$c = -1$$

Damit haben wir unsere Stammfunktion:

$$F(x) = \frac{1}{3}x^3 - x$$

Die Grenzen können wir aus dem Diagramm ablesen: [-1;1]
Unser Integral lautet:

$$\int_{-1}^{1} (x^2 - 1)dx = \left[\frac{1}{3}x^3 - x\right]_{-1}^{1}$$

$$= \left(\frac{1}{3}1^3 - 1\right) - \left(\frac{1}{3}(-1)^3 - 1\right) = -1{,}333$$

2) Und noch einmal:

$$f(x) = 2x(x^2 - 2) = 2x^3 - 4x$$
$$F'(x) = a \cdot nx^{n-1} + b \cdot (n-1)x^{n-2} + c \cdot (n-2)x^{n-3} + d(n-3)x^{n-4}$$

Gehen wir wieder Summand für Summand bzw. Potenz für Potenz vor und starten mit der höchsten Potenz 3:

$$2x^3 = anx^{n-1}$$

Damit ergibt sich: $n = 4$

$$2 = an = 4a$$
$$a = 0{,}5$$

Potenz 2 existiert nicht:

$$b = 0$$

Potenz 1(mit n = 4):

$$4x = c(4 - 2)x^{4-3}$$
$$c = 2$$

Potenz 0 existiert nicht:

$$d = 0$$

Damit ergibt sich unsere Stammfunktion:

$$F(x) = ax^n + bx^{n-1} + cx^{n-2} + dx^{n-3}$$
$$F(x) = 0{,}5x^4 - 2x^2$$

Nun fehlen uns noch die Grenzen des gesuchten Intervalls. Es sind die kleinste und größte Nullstellen von *f(x)*:

$$2x(x^2 - 2) = 0$$

Die erste Nullstelle ist: *x = 0*

Die beiden weiteren liegen bei:

$$x^2 - 2 = 0$$
$$x = \pm\sqrt{2}$$

Die äußeren Nullstellen liegen bei $\pm\sqrt{2}$, was gleichzeitig die Grenzen unseres Intervalls sind.

Unser Integral lautet:

$$\int_{-\sqrt{2}}^{\sqrt{2}} \left(2x(x^2 - 2)\right)dx = \left[0{,}5x^4 - 2x^2\right]_{-\sqrt{2}}^{\sqrt{2}}$$

$$= \left(0{,}5 \cdot \sqrt{2}^4 - 2\sqrt{2}^2\right) - \left(0{,}5 \cdot (-\sqrt{2})^4 - 2(-\sqrt{2})^2\right) = 0$$

Wenn wir das Diagramm uns anschauen, haben wir sicherlich auch erwartet, dass das Ergebnis null ist, da die positive und negative Fläche gleich groß ist.

So, das soll erst einmal mit dem Bestimmen von Stammfunktionen reichen. Es ist nicht immer leicht, dieses aufzustellen und es ist oftmals recht aufwendig.

2.4 Regeln zur Bestimmung von Stammfunktionen

LERNZIELE:
- **Stammfunktionen einfacher Funktionen**
- **Rechenregeln für Integrale**

Mit diesem Kapitel soll dir das Leben etwas leichter gemacht werden.

Kommen wir zunächst zu den Stammfunktionen. Wie du gesehen hast, ist es recht aufwendig, immer wieder Stammfunktionen zu ermitteln. Die gute Nachricht: es gibt für die wichtigsten Funktionen feste Regeln. Inzwischen existierten lange Listen, die für die unterschiedlichsten *f(x)* entsprechende Stammfunktionen *F(x)* auflisten ($\rightarrow$ Formelsammlung!).

Hier die, die für dich zunächst am wichtigsten sind:

$f(x)$	$F(x)$
Allgemein	
x^n	$\dfrac{1}{n+1}x^{n+1} \;(n \neq -1)$
$\sqrt[n]{x}$	$\dfrac{n}{n+1} \cdot \left(\sqrt[n]{x}\right)^{n+1} \;(n \neq -1)$
$\dfrac{1}{\sqrt{x}}$	$2\sqrt{x}$
x^{-1}	$\ln(x)$
$\sin(x)$	$-\cos(x)$
$\cos(x)$	$\sin(x)$
Beispiele	
x	$\dfrac{1}{2}x^2$
x^2	$\dfrac{1}{3}x^3$
$\sqrt{x}$	$\dfrac{2}{3}x^{\frac{3}{2}}$
$-\dfrac{1}{x^2}$	$\dfrac{1}{x}$

Kommen wir nun zu zwei einfachen Regeln für das Rechnen mit Integralen. Die ersten beiden Regeln haben wir übrigens unbewusst im letzten Kapitel bereits angewendet.

Summen von Funktionen:

Wenn $\quad f(x) = g(x) + h(x) \quad$ dann $\quad F(x) = G(x) + H(x)$

Beispiel:

$$f(x) = x^2 + x$$

$$g(x) = x^2 \quad \rightarrow \quad G(x) = \frac{1}{3}x^3$$

$$h(x) = x \quad \rightarrow \quad H(x) = \frac{1}{2}x^2$$

$$F(x) = \frac{1}{3}x^3 + \frac{1}{2}x^2$$

In Integralschreibeweise:

$$\int_a^b (g(x) + h(x))dx = \int_a^b g(x)dx + \int_a^b h(x)dx$$

Funktion mit einem Faktor:

Wenn $\quad f(x) = c \cdot g(x) \quad$ dann $\quad F(x) = c \cdot G(x)$

Beispiel:

$$f(x) = 5 \cdot x^2$$

$$F(x) = 5 \cdot \left(\frac{1}{3}x^3\right)$$

In Integralschreibeweise:

$$\int_a^b c \cdot f(x)dx = c \cdot \int_a^b f(x)dx$$

Intervall [a;d] in mehrere Intervalle aufteilen:

$$\int_a^d f(x)\,dx = \int_a^b f(x)\,dx + \int_b^c f(x)\,dx + \int_c^d f(x)\,dx$$

Insgesamt also nichts Dramatisches, was du dir hier merken musst. Wenden wir es mal an.

S.65; 1-3   *A) Bestimme die Stammfunktion*

1) $f(x) = -3x^3 + 5x$ 2) $f(x) = \frac{5}{x^4}$ 3) $f(x) = \frac{x^2-1}{x^4}$

4) $f(x) = 2\cos(x) + \sin(x)$

1) Wir sehen für die Stammfunktion in unsere Tabelle und können die Summen- und Produktregel anwenden:

$$x^n \quad \rightarrow \quad F(x) = \frac{1}{n+1}x^{n+1}$$

$$g(x) = -3 \cdot x^3 \quad \rightarrow \quad G(x) = -3 \cdot \frac{1}{4}x^4$$

$$h(x) = 5x \quad \rightarrow \quad H(x) = 5 \cdot \frac{1}{2}x^2$$

$$F(x) = G(x) + H(x) = -\frac{3}{4}x^4 + \frac{5}{2}x^2 = \frac{x^2}{2}\left(5 - \frac{3}{2}x^2\right)$$

2) $$f(x) = \frac{5}{x^4} = 5x^{-4}$$

Wir sehen in unsere Tabelle und finden:

$$x^n \quad \rightarrow \quad F(x) = \frac{1}{n+1}x^{n+1}$$

$$F(x) = 5 \cdot \frac{1}{-3}x^{-3} = -\frac{5}{3}x^{-3}$$

3) Das sieht schon etwas kniffliger aus. Aber wir können es in eine Summe umwandeln:

$$f(x) = \frac{x^2 - 1}{x^4} = \frac{x^2}{x^4} - \frac{1}{x^4} = \frac{1}{x^2} - \frac{1}{x^4} = x^{-2} - x^{-4}$$

Jetzt können wir wieder anwenden:

$$x^n \quad \rightarrow \quad F(x) = \frac{1}{n+1} x^{n+1}$$

$$F(x) = \frac{1}{-1} x^{-1} - \frac{1}{-3} x^{-3} = -\frac{1}{x} + \frac{1}{3x^3}$$

4) Das sollte wiederum kein Problem darstellen. Beide Stammfunktionen stehen in unserer Tabelle:

$$g(x) = 2 \cdot \cos(x) \quad \rightarrow \quad G(x) = 2 \cdot \sin(x)$$

$$h(x) = \sin(x) \quad \rightarrow \quad H(x) = -\cos(x)$$

$$F(x) = 2 \cdot \sin(x) - \cos(x)$$

B) Berechne das Integral mit Hilfe des Hauptsatzes S.65; 4-5

1) $\int_0^3 (x+2)^2 \, dx$ *2)* $\int_3^4 1{,}5 \cdot \sqrt{x} \, dx$ *3)* $\int_0^{\frac{\pi}{2}} (2 - \cos(x)) \, dx$

1) Wir wenden zunächst die Binomische Formel an:

$$\int_0^3 (x+2)^2 \, dx = \int_0^3 (x^2 + 4x + 4) \, dx$$

Nun können wir die Stammfunktionen mittels unserer Tabelle bestimmen und das Integral berechnen:

$$\int_0^3 (x^2 + 4x + 4) \, dx = \left[\frac{1}{3} x^3 + 2x^2 + 4x \right]_0^3$$

$$= \left(\frac{1}{3} 3^3 + 2 \cdot 3^2 + 4 \cdot 3 \right) - \left(\frac{1}{3} 0^3 + 2 \cdot 0^2 + 4 \cdot 0 \right)$$

$$= 39$$

2)

$$\int_{-3}^{4} 1{,}5 \cdot \sqrt{x}\,dx = 1{,}5 \cdot \int_{-3}^{4} \sqrt{x}\,dx$$

Die Stammfunktion steht wiederum in unserer Tabelle:

$$1{,}5 \cdot \int_{3}^{4} \sqrt{x}\,dx = 1{,}5 \cdot \left[\frac{2}{3}x^{\frac{3}{2}}\right]_{3}^{4}$$

$$= \frac{3}{2}\left(\frac{2}{3}\cdot 4^{\frac{3}{2}} - \frac{2}{3}3^{\frac{3}{2}}\right)$$

$$= 4^{\frac{3}{2}} - 3^{\frac{3}{2}} = 2{,}8$$

3) Auch hierbei sollte es keine Probleme geben, da wir wieder nur aus der Tabelle ablesen.

Dieses Mal teile ich das Integral zu Übung mal auf:

$$\int_{0}^{\frac{\pi}{2}} (2 - \cos(x))\,dx = \int_{0}^{\frac{\pi}{2}} 2\,dx - \int_{0}^{\frac{\pi}{2}} \cos(x)\,dx$$

$$= [2x]_{0}^{\frac{\pi}{2}} - [\sin(x)]_{0}^{\frac{\pi}{2}}$$

$$= 2 \cdot \frac{\pi}{2} - 0 - \sin\left(\frac{\pi}{2}\right) - \sin(0)$$

$$= \pi - 1 = 2{,}14$$

S.66; 7   C)

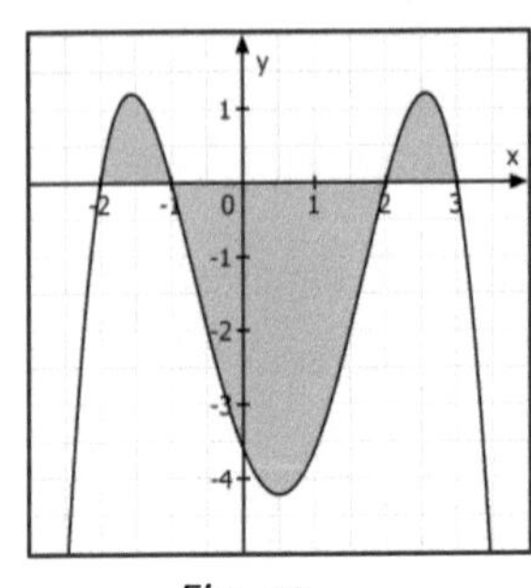

Fig. 43

Bestimme den orientierten Flächeninhalt für die gefüllten Flächen.

$$f(x) = -0{,}3(x + 1)(x^2 - 4)(x - 3)$$

Das hört sich erst einmal komplizierter an, als es ist.

Was brauchen wir, um die Flächen zu bestimmen?

- Eine Stammfunktion und
- die Grenzen der zu untersuchenden Intervalle.

Fangen wir mit den Grenzen an. Dieses sind für unsere Aufgabenstellung die Nullstellen der Funktion *f(x)*. Netterweise ist die Funktion schon faktorisiert, so dass wir die Nullstellen direkt ablesen können (ein Produkt ist gleich null, wenn mindestens einer der Faktoren gleich null ist):

$$x_1 = -1 \ ; \ x_{2,3} = \pm\sqrt{4} = \pm 2 \ ; \ x_4 = 3$$

Wir sollen also die Intervalle [-2; -1], [-1; 2] und [2;3] untersuchen.

Da wir die drei Intervalle einzeln angeben sollen, müssen wir drei Integrale aufstellen:

$$\int_{-2}^{-1} f(x)dx \ ; \ \int_{-1}^{2} f(x)dx \ ; \ \int_{2}^{3} f(x)dx$$

Um die Stammfunktion bestimmen zu können, müssen wir zunächst *f(x)* ausmultiplizieren. Mit etwas Fleiß und Ausdauer erhalten wir dann:

$$f(x) = -0{,}3x^4 + 0{,}6x^3 + 2{,}1x^2 - 2{,}4x - 3{,}6$$

Nun können wir die Stammfunktion bilden:

$$x^n \ \rightarrow \ F(x) = \frac{1}{n+1}x^{n+1}$$

$$F(x) = -0{,}06x^5 + 0{,}15x^4 + 0{,}7x^3 - 1{,}2x^2 - 3{,}6x$$

Für das erste Intervall haben wir:

$$\int_{-2}^{-1} f(x)dx = F(-1) - F(-2)$$

$$= [-0{,}06x^5 + 0{,}15x^4 + 0{,}7x^3 - 1{,}2x^2 - 3{,}6x]_{-2}^{-1}$$

Die Werte einzusetzen, ist erneut reine Fleißarbeit und wir erhalten:

$$\int_{-2}^{-1} f(x)dx = 0{,}79$$

Genauso verfahren wir für die übrigen zwei Intervalle:

$$\int_{-1}^{2} f(x)dx = [-0{,}06x^5 + 0{,}15x^4 + 0{,}7x^3 - 1{,}2x^2 - 3{,}6x]_{-1}^{2}$$

$$= -7{,}83$$

$$\int_{2}^{3} f(x)dx = [-0{,}06x^5 + 0{,}15x^4 + 0{,}7x^3 - 1{,}2x^2 - 3{,}6x]_{2}^{3}$$

$$= 0{,}79$$

Wenn wir alle drei Flächen addieren, erhalten wir:
$$0{,}79 - 7{,}83 + 0{,}79 = \text{-}6{,}25$$

Zur Probe ermitteln wir nun das Integral über den gesamten Bereich der drei Intervalle [-2;3], denn

$$\int_{-2}^{3} f(x)dx = \int_{-2}^{-1} f(x)dx + \int_{-1}^{2} f(x)dx + \int_{2}^{3} f(x)dx$$

$$\int_{-2}^{3} f(x)dx = [-0{,}06x^5 + 0{,}15x^4 + 0{,}7x^3 - 1{,}2x^2 - 3{,}6x]_{-2}^{3}$$

$$= -6{,}25$$

Wir haben alles richtig gemacht: es kommt dasselbe Ergebnis heraus.

Das soll an Übungen aber nun auch genügen.

2.5 Integral und Flächeninhalt

In den letzten Kapiteln haben wir mit **orientierten** Flächeninhalten gerechnet, um eine **Gesamtänderung einer Größe** zu bestimmen.

Es gibt jedoch Anwendungsfälle, bei denen man die **Gesamtfläche** ermitteln möchte, die die Funktion mit der x-Achse bildet. D. h., Flächen unterhalb der x-Achse wirken der Größe nicht entgegen, sondern sie werden ebenso hinzugezählt.

Um das zu erreichen, müssen wir jedoch wissen, welche Abschnitte unseres Betrachtungsraums oberhalb und welche unterhalb der x-Achse liegen.

Wir können nach Rezept vorgehen:

1. Bestimme alle Nullstellen im Intervall [a;b]
2. Bilde damit Teilintervalle und bestimme, welches Vorzeichen *f(x)* in den Teilintervallen jeweils hat: beim äußerst linken Teilintervalls einen x-Wert in *f(x)* einsetzen und sehen, ob *f(x)* positiv oder negativ ist. Alle folgenden Teilintervalle wechseln alternierend jeweils das Vorzeichen: [+]→[-]→[+]→ ...
3. Bestimme die Flächeninhalte für jeden einzelnen Teilabschnitt.
4. Addiere alle Teilflächen: für die negative Flächeninhalte bildest du den Betrag.

Soweit die Theorie. Gehen wir das ganze mal an einem Beispiel durch:

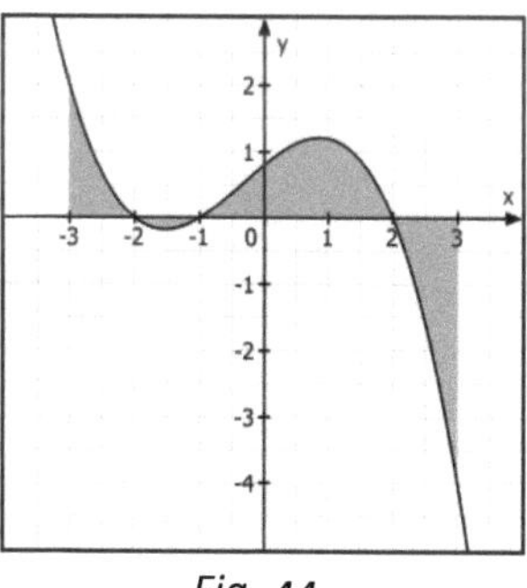

Fig. 44

Wir haben die Funktion $f(x) = -0{,}2(x + 1)(x^2 - 4)$ und wollen im Intervall [-3;3] die Gesamtfläche bestimme (s. Fig. 44):

1. Nullstellen berechnen

Da die Funktion faktorisiert ist, können wir die Nullstellen direkt ablesen:

$$x_1 = -1$$
$$x_{2,3} = \pm 2$$

2. Teilintervalle festlegen und bestimmen, ob Flächen im Teilintervall positiv oder negativ sind:

Wir unterteilen in die Teilintervalle: [-3;-2], [-2;-1], [-1;2] und [2;3].

Um zu prüfen, ob das äußerst linke Teilintervall [-3;-2] positiv oder negativ ist, setzen wir einfach einen x-Wert innerhalb des Intervalls in *f(x)* ein

$$f(-2{,}5) = -0{,}2(-2{,}5 + 1)((-2{,}5)^2 - 4) = 0{,}675 \rightarrow \text{positiv}$$

Damit kennen wir alle Vorzeichen der Teilintervalle, da dieses im Nulldurchgang immer wechselt:

[-3;-2]:   positiv

[-2;-1]:   negativ

[-1;2]:   positiv

[2;3]:   negativ

3. Berechnen der Flächeninhalte

Um die Stammfunktion bestimmen zu können, müssen wir zunächst *f(x)* ausmultiplizieren:

$$f(x) = -0{,}2(x + 1)(x^2 - 4)$$
$$f(x) = -0{,}2x^3 - 0{,}2x^2 + 0.8x + 0.8$$

Nun können wir die Stammfunktion bilden:

$$x^n \quad \rightarrow \quad F(x) = \frac{1}{n + 1}x^{n+1}$$

[-3;-2]:

$$F(x) = -\frac{0,2}{4}x^4 - \frac{0,2}{3}x^3 + \frac{0,8}{2}x^2 + 0,8x$$

$$\int_{-3}^{-2} f(x)dx = F(-2) - F(-3)$$

$$= \left[-\frac{0,2}{4}x^4 - \frac{0,2}{3}x^3 + \frac{0,8}{2}x^2 + 0,8x\right]_{-3}^{-2}$$

$$= 0,783$$

[-2;-1]:

$$F(x) = -\frac{0,2}{4}x^4 - \frac{0,2}{3}x^3 + \frac{0,8}{2}x^2 + 0,8x$$

$$\int_{-2}^{-1} f(x)dx = F(-1) - F(-2)$$

$$= \left[-\frac{0,2}{4}x^4 - \frac{0,2}{3}x^3 + \frac{0,8}{2}x^2 + 0,8x\right]_{-2}^{-1}$$

$$= -0,117$$

[-1;2]:

$$F(x) = -\frac{0,2}{4}x^4 - \frac{0,2}{3}x^3 + \frac{0,8}{2}x^2 + 0,8x$$

$$\int_{-1}^{2} f(x)dx = F(2) - F(-1)$$

$$= \left[-\frac{0,2}{4}x^4 - \frac{0,2}{3}x^3 + \frac{0,8}{2}x^2 + 0,8x\right]_{-1}^{2}$$

$$= 2,25$$

[2;3]:

$$F(x) = -\frac{0,2}{4}x^4 - \frac{0,2}{3}x^3 + \frac{0,8}{2}x^2 + 0,8x$$

$$\int_{2}^{3} f(x)dx = F(3) - F(2)$$

$$= \left[-\frac{0,2}{4}x^4 - \frac{0,2}{3}x^3 + \frac{0,8}{2}x^2 + 0,8x\right]_{2}^{3}$$

$$= -1,717$$

4. Wir addieren die Teilflächen, wobei wir die negativen als Betrag hinzuaddieren:

$$A = \int_{-3}^{-2} f(x)dx + \left|\int_{-2}^{-1} f(x)dx\right| + \int_{-1}^{2} f(x)dx + \left|\int_{2}^{3} f(x)dx\right|$$

$$A = 0{,}783 + |-0{,}117| + 2{,}25 + |-1{,}717| = 4{,}867$$

Ergebnis: im Intervall [-3;3] beträgt die Gesamtfläche zwischen unserer Funktion *f(x)* und der x-Achse 4,867.

Ich hoffe, dass war nicht allzu schwer.
Wenn man ehrlich ist, kann man sich die Bestimmung der Vorzeichen in Schritt zwei auch sparen: einfach von allen negativen Teilflächen den Betrag nehmen. Aber manchmal möchte dein Mathelehrer aber genau diesen Schritt von dir sehen.

Eine weitere Anwendung von Integralen ist eine **Fläche zwischen zwei Funktionen** zu berechnen.

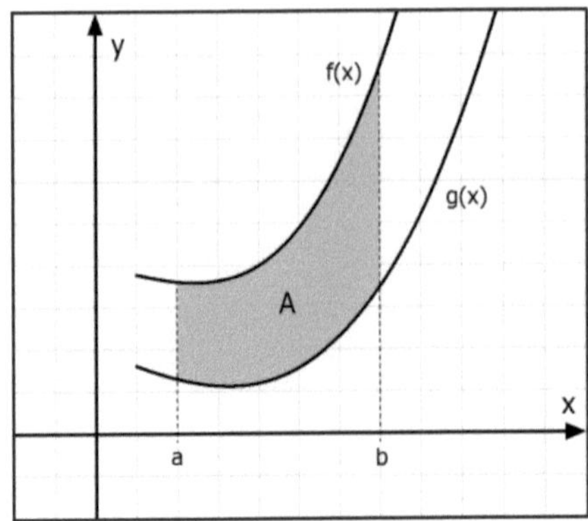

Fig. 45

Hierzu bilden wir einfach die Differenz der beiden Flächen:

$$A = \int_{a}^{b} f(x)dx - \int_{a}^{b} g(x)dx$$

Hier können wir beide Integrale zusammenziehen.

Wir haben für die Fläche, die zwei Funktionen im Intervall [a;b] begrenzen:

$$A = \int_a^b (f(x) - g(x))dx$$

für $f(x) > g(x)$.

Sollten sich die Funktionen *f(x)* und *g(x)* im Intervall [a;c] wie in Fig. 46 schneiden, so berechnen wir immer zunächst bis zum Schnittpunkt b. Hier ist *f(x) > g(x)*:

$$A_1 = \int_a^b (f(x) - g(x))dx$$

Nach dem Schnittpunkt ist *g(x) > f(x)* und wir müssen berechnen:

$$A_2 = \int_b^c (g(x) - f(x))dx$$

Wir erhalten als Gesamtfläche:

$$A = A_1 + A_2$$

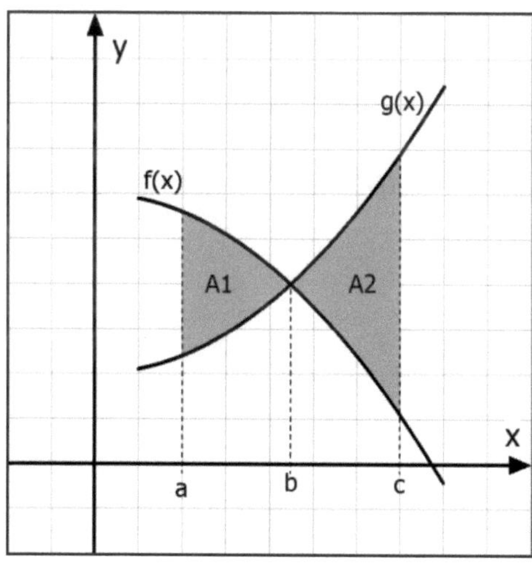

Fig. 46

Wie immer ein paar Übungen hierzu.

S.70; 3

A) Bestimme die Fläche die die Funktion f(x) mit der x-Achse einschließt.

$$f(x) = x^3 - x^2 - \frac{3}{4}x$$

Wir suchen die geschossenen Flächen, die durch die Funktion und die x-Achse entstehen. Geschlossenen Flächen entstehen zwischen zwei Null-stellen der Funktion *f(x)*. Wir bestimmen also zunächst die Nullstellen:

Wir können x ausklammern:

$$f(x) = x(x^2 - x - \frac{3}{4})$$

$$x_1 = 0$$

$$x_{2,3} = \frac{1}{2} \pm \sqrt{\frac{1}{4} + \frac{3}{4}}$$

$$x_2 = -0{,}5$$
$$x_3 = 1{,}5$$

Geschlossenen Flächen haben wir also in den Intervallen [-0,5; 0] und [0; 1,5].
Berechnen wir zunächst die Stammfunktion:

$$x^n \quad \rightarrow \quad F(x) = \frac{1}{n+1}x^{n+1}$$

$$F(x) = \frac{x^4}{4} - \frac{x^3}{3} - \frac{3x^2}{8}$$

Nun berechnen wir beide Flächen:

Intervall [-0,5;0]:

$$\int_{-0{,}5}^{0} \left(x^3 - x^2 - \frac{3}{4}x\right) dx = \left[\frac{x^4}{4} - \frac{x^3}{3} - \frac{3x^2}{8}\right]_{-0{,}5}^{0}$$

$$= 0 - \left(\frac{(-0{,}5)^4}{4} - \frac{(-0{,}5)^3}{3} - \frac{3(-0{,}5)^2}{8}\right)$$

$$= 0{,}036$$

Intervall [0; 1,5]:

$$\int_{-0,5}^{0} \left(x^3 - x^2 - \frac{3}{4}x \right) dx = \left[\frac{x^4}{4} - \frac{x^3}{3} - \frac{3x^2}{8} \right]_0^{1,5}$$

$$= \left(\frac{1,5^4}{4} - \frac{1,5^3}{3} - \frac{3 \cdot 1,5^2}{8} \right) - 0$$

$$= -0,703$$

Wir benötigen die Gesamtfläche. D. h., die Flächen haben keine Orientierung und wir nehmen daher die Beträge:

$$A = 0,036 + |-0,703| = 0,739$$

Ergebnis: Die eingeschlossenen Flächen haben zusammen eine Größe von 0,739

B) Berechne die von den Funktionen f und g eingeschlossene Fläche im Intervall [1; 3,5].

$$f(x) = -0,2x^2 + 3 \qquad g(x) = 0,2x^2 + 1$$

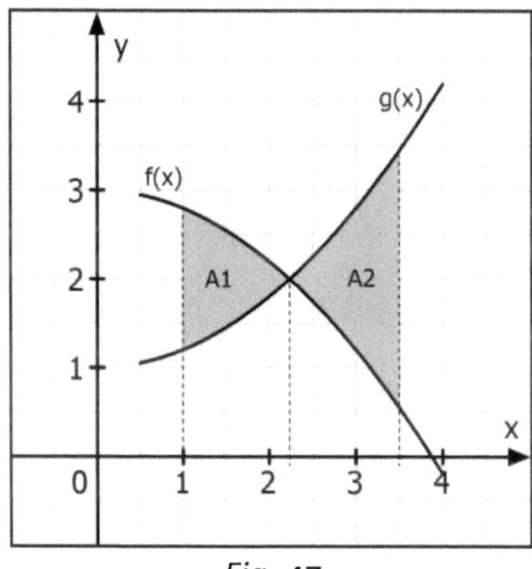

Fig. 47

Wie wir sehen, schneiden sich die beiden Funktionen. Wir müssen zunächst den Schnittpunkt der beiden Funktionen bestimmen, um damit die Teilintervallgrenze festlegen zu können:

$$f(x) = g(x)$$
$$-0{,}2x^2 + 3 = 0{,}2x^2 + 1$$
$$2 = 0{,}4x^2$$
$$x^2 = 5$$
$$x_{1,2} = \pm\sqrt{5} = \pm 2{,}24$$

Der Wert *x = -2,24* liegt nicht in unserem Beobachtungsintervall [1; 3,5] und kann vernachlässig werden.

Wir haben nun unsere zwei Intervalle:

[1; $\sqrt{5}$]   → *f(x) > g(x)*

[$\sqrt{5}$; 3,5] → *g(x) > f(x)*

Wir berechnen die Flächen:

$$A_1 = \int_1^{\sqrt{5}} (f(x) - g(x))\,dx$$

Wir berechnen zunächst

$$f(x) - g(x) = -0{,}2x^2 + 3 - (0{,}2x^2 + 1)$$
$$= -0{,}2x^2 + 3 - 0{,}2x^2 - 1$$
$$= -0{,}4x^2 + 2$$

$$A_1 = \int_1^{\sqrt{5}} (-0{,}4x^2 + 2)\,dx$$

Wir bestimmen die Stammfunktion:

$$F(x) = -\frac{2}{5} \cdot \frac{1}{3}x^3 + 2x$$

$$A_1 = \int_1^{\sqrt{5}} (-0{,}4x^2 + 2)\,dx = \left[-\frac{2}{15}x^3 + 2x\right]_1^{\sqrt{5}}$$

$$= 2{,}981 - 1{,}867$$

$$= 1{,}114$$

Nun die zweite Fläche:

$$A_1 = \int_{\sqrt{5}}^{3,5} (g(x) - f(x))dx$$

Wir berechnen zunächst

$$g(x) - f(x) = 0{,}2x^2 + 1 - (-0{,}2x^2 + 3)$$
$$= 0{,}2x^2 + 1 + 0{,}2x^2 - 3$$
$$= 0{,}4x^2 - 2$$

$$A_2 = \int_{\sqrt{5}}^{3,5} (0{,}4x^2 - 2)dx$$

Wir bestimmen die Stammfunktion:

$$F(x) = \frac{2}{5} \cdot \frac{1}{3}x^3 - 2x$$

$$A_2 = \int_{\sqrt{5}}^{3,5} (-0{,}4x^2 + 2)dx = \left[\frac{2}{15}x^3 - 2x\right]_{\sqrt{5}}^{3,5}$$

$$= -1{,}283 - 2{,}981$$

$$= 1{,}698$$

Nun haben wir die Gesamtfläche:

$$A = A_1 + A_2$$
$$A = 1{,}114 + 1{,}698$$
$$A = 2{,}812$$

Ergebnis: Die Fläche zwischen den Funktionen *f(x)* und *g(x)* beträgt im Intervall [1; 3,5] 2,812.

S.70; 11   C) *Du hast die Funktion $f(x) = -(x-2)^2 + 4$. Bestimme die Grenze a, sodass die Flächen oberhalb und unterhalb der x-Achse gleich groß sind.*

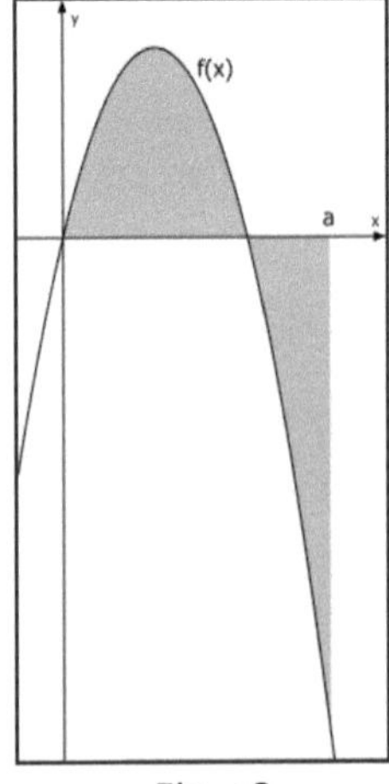

Fig. 48

Was ist gefordert? Die Fläche zwischen den Nullstellen soll genauso groß sein, wie die Fläche zwischen der 2. Nullstelle und a:

$$\left| \int_{x_{01}}^{x_{02}} f(x)\,dx \right| = \left| \int_{x_{02}}^{a} f(x)\,dx \right|$$

Berechnen wir die Nullstelle x_0:

$$\begin{aligned}
f(x) &= -(x-2)^2 + 4 \\
&= -(x^2 - 4x + 4) + 4 \\
&= -x^2 + 4x - 4 + 4 \\
&= 4x - x^2 = x(4 - x)
\end{aligned}$$

Damit haben wir die beiden Nullstellen $x = 0$ und $x = 4$.

Als nächstes berechnen wir die Stammfunktion:

$$f(x) = 4x - x^2$$
$$F(x) = \frac{4}{2}x^2 - \frac{x^3}{3}$$

Dann lass uns die erste Fläche berechnen:

$$A_1 = \int_0^4 (4x - x^2)\,dx = \left[2x^2 - \frac{x^3}{3}\right]_0^4$$

$$= 10\frac{2}{3} - 0$$

$$= 10\frac{2}{3}$$

Nun berechnen wir die Fläche des 2. Intervalls:

$$A_2 = \int_4^a (4x - x^2)\,dx = \left[2x^2 - \frac{x^3}{3}\right]_4^a$$

$$= 2a^2 - \frac{1}{3}a^3 - 10\frac{2}{3}$$

Vorgabe war, dass $|A_2| = |A_1|$ ist.
Wir kennen den Verlauf (Fig. 48) und wissen, dass A_2 negativ ist. Wir nehmen daher A_2 mit -1 mal, um den Betrag zu erhalten:

$$|A_2| = |A_1|$$

$$-2a^2 + \frac{1}{3}a^3 + 10\frac{2}{3} = 10\frac{2}{3} \qquad |-10\frac{2}{3}$$

$$-2a^2 + \frac{1}{3}a^3 = 0$$

$$a^2\left(-2 + \frac{a}{3}\right) = 0 \qquad |:a^2 \; mit \; (a \neq 0)$$

$$-2 + \frac{a}{3} = 0$$

$$a = 6$$

Ergebnis:
Die Flächen, die durch die Funktion *f(x)* und der x-Achse gebildet werden, sind im Intervall [0;4] und [4;6] gleich groß.

So, dass soll es mit Integralen gewesen sein. Reicht auch, nicht wahr? Kommen wir nun zum letzten Abschnitt in diesem Band.

3 Exponentialfunktionen

3.1 Wiederholung: Exponentialfunktionen

LERNZIELE:
- **Exponentialfunktion**
- **exponentielle Zunahme/Abnahme**

Wie die Überschrift schon sagt, ist auch dieses Kapitel eine rein Wiederholung des Stoffs aus der EF.

Exponentialfunktionen haben allgemein die Form:

$$f(x) = c \cdot a^x \quad (a > 0; \ a \neq 1)$$

Wie du siehst, tritt hier x als Exponent auf.
Sehr häufig beschreiben Exponentialfunktionen Wachstumsvorgänge. Bevor wir uns aber um das Lösen dieser Gleichungen kümmern, wollen wir uns erst einmal anschauen, welchen Einfluss a hat.

Exponentielle Zunahme (a > 1)

In gleichen Zeitspannen **wächst** der Bestand immer um den gleichen **Faktor**.
Z. B. haben wir eine Hefekultur mit 30 Mio. Bakterien, deren Zunahme bei 70% pro Stunde liegt. Das heißt, wir haben nach einer Stunde 170% der Ausgangsgröße. Damit ist unser Faktor a:

$$a = 100\% + 70\% = 170\% = 1{,}7 \quad \text{oder}$$

$$a = 1 + 0{,}7 = 1{,}7$$

Wir haben einen Startwert (c = 30 Mio.) und einen Faktor a (1,7). Damit können wir für jede Stunde x den dazugehörigen Bestand in Mio. berechnen:

$$f(x) = c \cdot a^x$$

$$f(x) = 30 \cdot 1{,}7^x$$

Als Graph sieht der Verlauf entsprechend Fig. 49 aus. Die x-Achse stellt hierbei die vergangene Zeit in Stunden nach unserem Start bei x = 0 dar.

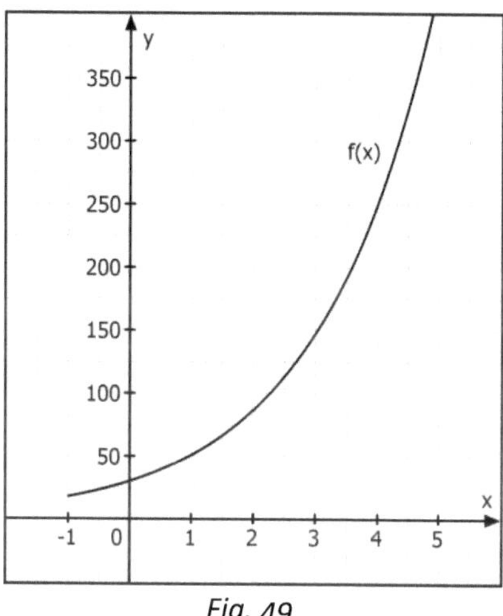

Fig. 49

Wenn etwas wachsen kann, dann kann irgendetwas auch schrumpfen:

Exponentielle Abnahme (0 < a < 1)

In gleichen Zeitspannen **verringert** sich der Bestand immer um den gleichen **Faktor**.

Dieses Mal haben wir zu unserem Startzeitpunkt ($x = 0$) eine Menge von 500. Diese verringert sich pro Stunde um 35%. Unser Faktor a lautet also:

$$a = 100\% - 35\% = 65\% = 0{,}65 \quad \text{oder}$$
$$a = 1 - 0{,}35 = 0{,}65$$

Mit unserem Startwert $c = 500$ können wir nun die gesuchte Exponentialgleichung aufstellen:

$$f(x) = 500 \cdot 0{,}65^x$$

Auch hierzu können wir uns den entsprechenden Graphen ansehen (Fig. 50).

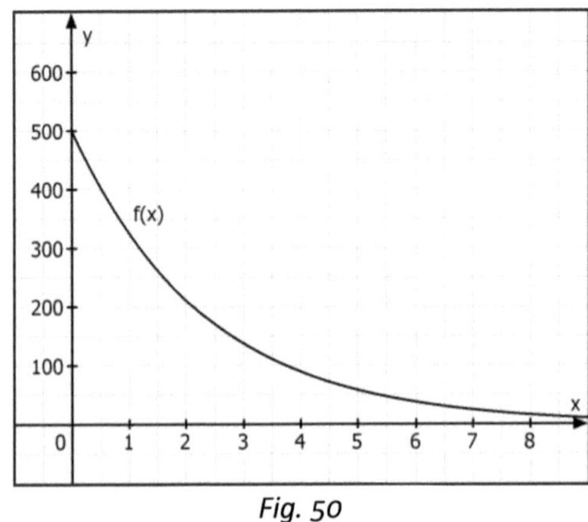

Fig. 50

Wachstumsfaktor a ermitteln

Eine weiter Möglichkeit ist, dass ich bereits weiß, dass es sich um eine exponentielle Entwicklung handelt. Ich kenne zwar nicht den Faktor a, aber ich kenne dafür die Bestände an zwei Zeitpunkten. Hieraus lässt sich auch die Funktionsgleichung ermitteln.

Z. B. unsere Kultur hat zum Zeitpunkt $x = 0$ einen Startwert von $c = 500$ und 3 Stunden ($x = 3$) einen Wert von 20000. Das bedeutet:

$$500 \cdot a^3 = 20000$$

Damit können wir nun den gesuchten Faktor a berechnen:

$$a^3 = 40$$

$$a = \sqrt[3]{40}$$

$$a = 3{,}42$$

Unsere Exponentialfunktion lautet in diesem Fall daher:

$$f(x) = 500 \cdot 3{,}42^x$$

Zeitraum unbekannt

Die letzte mögliche Aufgabenstellung, die wir uns anschauen wollen, ist, wenn der Zeitraum unbekannt ist. D. h., ich frage zum Beispiel: wann hat meine Kultur einen Wert von 30000?

Hierfür benötige ich zunächst meine Exponentialfunktion, die ich anschließen nach x auflösen muss:

$$f(x) = 500 \cdot 3{,}42^x$$

Für den gesuchten Zeitpunkt x in unserem Beispiel lautet die Funktion:

$$30000 = 500 \cdot 3{,}42^x$$

$$60 = 3{,}42^x$$

$$3{,}42^x = 60$$

Ich hoffe du erinnerst dich noch an die Logarithmenrechnung.

Um $a^x = b$ nach x aufzulösen, können wir schreiben

$$x = log_a(b)$$

Da wir nicht jede x-beliebige Basis mit unserem Rechner bestimmen können, wenden wir die Logarithmengesetze an und verwenden den 10er-Logartithmus:

$$x = \frac{log_{10}(b)}{log_{10}(a)}$$

Die Lösung einer Exponentialgleichung bezeichnet man als **Logarithmus**.

Für unser Beispiel berechnen wir also:

$$x = \frac{\log_{10}(60)}{\log_{10}(3{,}42)}$$

$$x \approx 3{,}33$$

Nach 3,3 Stunden ist die Anzahl von 500 auf 30000 angewachsen.

Lass uns das ganze am besten an ein paar Aufgaben erproben und üben.

S.89; 2

A) *Du hast eine Exponentialfunktion $f(x) = c \cdot a^x$, die durch die Punkte P und Q verläuft. Für welches x ist der gesuchte Funktionswert erreicht?*

1) *P(0|15)   Q(3|120)   f(x) = 1500*

2) *P(0|1250)   Q(-2|5000)   f(x) = 100*

1) Sehen wir uns erst einmal an, was wir haben: Durch den Punkt P(0|15) kennen wir unseren Startwert *c = 15*.

Darüber hinaus wissen wir mit Punkt Q, dass bei *x = 3* ein Wert von *f(x) = 120* erreicht wird.

Um die Exponentialfunktion zu beschreiben, fehlt uns also der Faktor a. Wie das geht, haben wir aber gerade gelernt. Wir setzen unseren Punkt Q in die Funktionsgleichung ein und lösen nach a auf:

$$f(x) = c \cdot a^x$$
$$f(3) = 15 \cdot a^3 = 120$$
$$a^3 = 8$$
$$a = \sqrt[3]{8}$$
$$a = 2$$

Damit haben wir unsere gesuchte Exponentialfunktion:

$$f(x) = 15 \cdot 2^x$$

Gefragt war, für welchen x-Wert *f(x) = 1500* ist. Wir setzen ein und berechnen x:

$$1500 = 15 \cdot 2^x$$
$$2^x = 100$$
$$x = \frac{\log_{10}(100)}{\log_{10}(2)}$$
$$x \approx 6,64$$

2) Diese Aufgabe ist vom Vorgehen identisch. Aus Punkt P(0|1250) kennen wir den Startwert *c = 1250*.

Bei Punkt Q könntest du eventuell etwas verwirrt sein, denn wir haben einen y-Wert für einen negativen x-Wert. Dieses ist aber unerheblich. Wir setzen in einfach ein, um erneut den Faktor a zu berechnen:

$$f(x) = c \cdot a^x$$

$$f(-2) = 1250 \cdot a^{-2} = 5000$$

$$a^{-2} = 4$$

$$\frac{1}{a^2} = 4 \qquad | \cdot a^2 \, | : 4$$

$$\frac{1}{4} = a^2$$

$$a = \sqrt{\frac{1}{4}}$$

$$a = 0{,}5$$

Damit haben wir unsere gesuchte Exponentialfunktion:

$$f(x) = 1250 \cdot 0{,}5^x$$

Dieses Mal ist für den gesuchten x-Wert *f(x) = 100* vorgegeben. Wir setzen erneut ein:

$$100 = 1250 \cdot 0{,}5^x$$

$$0{,}5^x = 0{,}08$$

$$x = \frac{\log_{10}(0{,}08)}{\log_{10}(0{,}5)}$$

$$x \approx 3{,}64$$

Manchmal muss man die beiden Punkte auch selber aus einem Graphen ablesen. Das sollte aber kein Problem sein. Anschließend wird die Aufgabe genauso gelöst, wie die beiden letzten.

S.89; 5

S.89; 7

B) Je weiter man in einen Tunnel geht, umso mehr nimmt die Intensität des hereinscheinenden Lichts ab. Wir gehen davon aus, dass die Abnahme exponentiell sei. Am Tunnelanfang haben wir eine Intensität von 100% und nach 20 m messen wir noch eine Intensität von 65%.

1) Stelle die Exponentialfunktion in Abhängigkeit vom Weg (in Metern) auf und erstelle einen Graphen.
2) Wie hoch ist die Lichtintensität nach 10 m und 100 m?
3) Bei welcher Tunneltiefe beträgt die Lichtintensität nur noch 10%?

1) Wir finden in der Aufgaben Stellung zwei Punkte: P(0|100) und Q(20|65).

Wir haben also einen Startwert $c = 100$. Es fehlt uns jedoch erneut der Faktor a. Wie in Aufgabe A setzen wir einfach unseren 2. Punkt in die Exponentialfunktion ein:

$$f(x) = c \cdot a^x$$
$$f(20) = 100 \cdot a^{20} = 65$$
$$a^{20} = 0{,}65$$
$$a = \sqrt[20]{0{,}65}$$
$$a = 0{,}9787$$

Damit haben wir unsere gesuchte Exponentialfunktion und können den Graphen zeichnen:

$$f(x) = 100 \cdot 0{,}9787^x$$

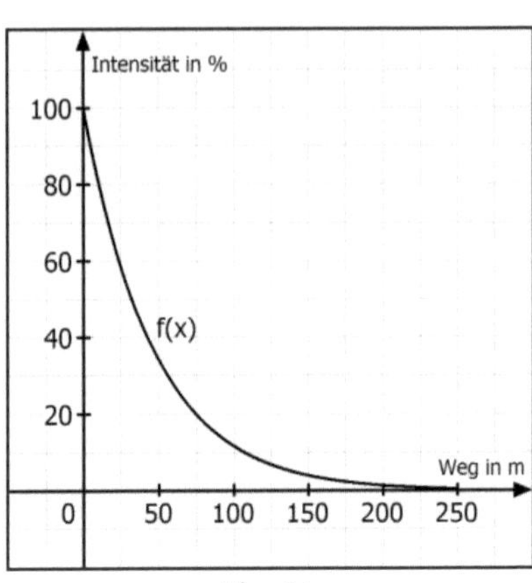

Fig. 51

2) Wir sollen den f(x) Wert für $x = 10$ und $x = 100$ ausrechnen. Dazu setzen wir x ganz einfach in unsere Exponentialfunktion ein:

$$f(x) = 100 \cdot 0{,}9787^x$$

$$f(10) = 100 \cdot 0{,}9787^{10}$$
$$f(10) = 80{,}6$$

$$f(100) = 100 \cdot 0{,}9787^{100}$$
$$f(100) = 11{,}6$$

Nach 10 Metern beträgt die Intensität noch 80,6% und nach 10 Metern nur noch 11,6%.

3) Uns wurde nun ein Funktionswert vorgegeben (10%) und wir müssen den x-Wert berechnen. Wir setzen in unsere Funktion ein:

$$f(x) = 100 \cdot 0{,}9787^x = 10$$

$$0{,}9787^x = 0{,}1$$

$$x = \frac{\log_{10}(0{,}1)}{\log_{10}(0{,}9787)}$$

$$x \approx 106{,}9$$

Wie du siehst, machen wir in den Aufgaben immer wieder die gleichen Schritte. Zur Festigung noch eine vom gleichen Typ:

C) Kürbisse wachsen exponentiell. Ihr Zuwachs pro Tag beträgt 15%. S.90; 8

1) In welchem Zeitraum nimmt das Gewicht um 5%, 100% und 400% zu?

2) Wie lange dauert es, dass ein 10 g schwerer Kürbis 6 kg wiegt?

3) Wann hat ein 1,6kg schwerer Kürbis nur 80g gewogen?

1) Zunächst können wir den Faktor a berechnen. Der Zuwachs beträgt pro Tag 15% = 0,15:

$$a = 1 + 0{,}15 = 1{,}15$$

Damit haben wir schon einmal:

$$f(x) = c \cdot 1{,}15^x$$

In dieser Aufgabe wird nach dem x-Wert (Zeit in Tage) gefragt und der Zuwachs a^x $(= 1{,}15^x)$ ist vorgegeben:

$$1{,}15^x = 5$$
$$x = \frac{\log_{10}(5)}{\log_{10}(1{,}15)}$$
$$x \approx 11{,}5$$

Genauso können wir die weiteren beiden Werte bestimmen:

$$1{,}15^x = 100$$
$$x = \frac{\log_{10}(100)}{\log_{10}(1{,}15)}$$
$$x \approx 33{,}0$$

$$1{,}15^x = 500$$
$$x = \frac{\log_{10}(500)}{\log_{10}(1{,}15)}$$
$$x \approx 44{,}5$$

Alle 11,5 Tage erfolgt ein Zuwachs von 5%, in einer Zeitspanne von 33 Tagen um 100% und in 44,5 Tagen um 500%.

2) Hier haben wir einen Startwert $c = 10$ und einen Wert nach der Zeit x von $f(x) = 6000$ (Achtung: auf Einheit achten!). Wir setzen in unsere Funktion ein:

$$f(x) = c \cdot 1{,}15^x$$
$$6000 = 10 \cdot 1{,}15^x$$
$$1{,}15^x = 600$$
$$x = \frac{\log_{10}(600)}{\log_{10}(1{,}15)}$$
$$x \approx 45{,}8$$

Nach ca. 45,8 Tagen ist aus einem 10 g schweren Kürbis ein 6 kg schwerer geworden.

3) Hier ist unser Startwert $c = 80$. Ansonsten ist es die gleiche Aufgabe wie 2.

$$f(x) = c \cdot 1{,}15^x$$
$$1600 = 80 \cdot 1{,}15^x$$
$$1{,}15^x = 20$$
$$x = \frac{\log_{10}(20)}{\log_{10}(1{,}15)}$$
$$x \approx 21{,}4$$

Vor 21,4 Tagen hat unser Kürbis nur 80 g gewogen.

Das sollte genügen, da sich die Lösungswege immer wiederholen; es ändern sich häufig nur die Randbedingungen.

3.2 Die natürliche Exponentialfunktion und ihre Ableitung

LERNZIELE:
- **Exponentialfunktionen Ableiten**
- **Eulersche Zahl**

Der ein oder andere hat es eventuell schon befürchtet. Es geht nun an das Ableiten von Exponentialfunktionen. Zum Glück hat ein gewisser Herr **Euler** uns sehr viel Arbeit abgenommen.

Er hat nämlich festgestellt, egal, wie meine Exponentialfunktionen *f(x)* lautet, die Ableitung *f'(x)* ist immer ein Vielfaches von *f(x)*.

Wenn ich also eine Funktion $f(x) = a^x$ habe, so ist deren Ableitung $f'(x) = k \cdot f(x) = k \cdot a^x$.

Diesen Proportionalitätsfaktor k kann ich bestimmen, wenn ich *x = 0* in die Funktion einsetze:

$$f'(x) = k \cdot a^x$$
$$f'(0) = k \cdot a^0 = k \cdot 1$$
$$k = f'(0)$$

D. h., der Proportionalitätsfaktor k entspricht der Ableitung bei *x = 0*.

Des Weiteren hat er festgestellt, dass der Proportionalitätsfaktor k abhängig von der Basis a ist. Um einen Faktor von *k = 1* zu erhalten, muss die Basis *a* den Wert *a = 2,71828...* annehmen.

Dieses ist die sogenannte **Eulersche Zahl** und wird mit **e** abgekürzt.

Die Exponentialfunktion mit der Basis e wird auch **natürliche Exponentialfunktion** oder auch **e-Funktion** genannt:

$$f(x) = e^x$$

Für diese gilt also:

$$f(x) = e^x$$
$$f'(x) = e^x$$

Damit ist auch das **Integrieren** einfach, da die Stammfunktion F ebenfalls $F(x) = e^x$ lautet.

Achtung: Wie $f(x) = e^{kx}$ abgeleitet wird, bekommen wir im nächsten Kapitel.

Betrachten wir ein Beispiel. Wir haben die Funktion

$$f(x) = 2e^x + 2x^2 - 5x$$

und leiten diese ab. Wir erhalten:

$$f'(x) = 2e^x + 4x - 5$$

Wenn wir nun z. B. die Steigung der Tangente am Punkt P(3|f(3)) berechnen wollen, gehen wir wie gewohnt vor.
Wir bilden die 1. Ableitung (was wir ja gerade getan haben) und setzen in die Ableitung $x = 3$ ein und berechnen den Steigungswert:

$$f'(3) = 2e^3 + 4 \cdot 3 - 5$$

$$f'(3) = 47{,}17$$

Sollte nach der Tangentengleichung für den Punkt P gefragt sein, so berechnen wir auch diese wie gehabt. Zunächst berechnen wir den y-Wert des Punktes P indem wir $x = 3$ in $f(x)$ einsetzen.

$$f(x) = 2e^x + 2x^2 - 5x$$

$$f(3) = 2e^3 + 2 \cdot 3^2 - 5 \cdot 3$$

$$f(3) = 43{,}17$$

Der Punkt P hat also die Koordinaten (3|43,17).

Ich hoffe, du erinnerst dich noch an die Gleichungsform einer Geraden:

$$y = mx + n$$

m ist die Steigung und entspricht der 1. Ableitung des Punktes: haben wir oben bereits berechnet:

$$f'(3) = m = 47{,}17$$

Um den Achsenabschnitt n zu erhalten, setzen wir einfach den Punkt P(3|43,17) in die Geradengleichung ein:

$$y = 47{,}17x + n$$

$$43{,}17 = 47{,}17 \cdot 3 + n$$

$$43{,}17 = 141{,}51 + n$$

$$n = -98{,}34$$

Und damit haben wir die Tangentengleichung für unseren Punkt P(3|43,17):

$$y = 47{,}17x - 98{,}34$$

Wir gehen also wie gehabt vor und müssen uns wegen der e-Funktionen keine großen Gedanken machen.
Kommen wir zu den Übungen, wo wir ein wenig ableiten und integrieren wollen.

S93; 1

A) Bestimme die 1. und 2. Ableitung:

$$1)\ f(x) = 5e^x + 4x^3 - 2x \qquad 2)\ f(x) = -5(x^5 - 2e^x)$$

1) Die 1. Ableitung der e-Funktion bleibt unverändert. Den Rest leiten wir wie gewohnt ab:

$$f'(x) = 5e^x + 12x^2 - 2$$

2) Um sicher zu gehen, multiplizieren wir zunächst aus und leiten dann ab:

$$f(x) = -5x^5 - 10e^x$$
$$f'(x) = -25x^4 - 10e^x$$

S.93; 3

B) Berechne die Integrale

$$1)\ \int_1^3 (3x - 0{,}5e^x)\,dx \qquad 2)\ \int_0^3 (x^3 + 4e^x - 3x^2)\,dx$$

1) Bestimmen wir zunächst die Stammfunktionen:

$$F(x) = \frac{3}{2}x^2 - 0{,}5e^x$$

Wie der erste Teil der Stammfunktion gebildet wird, haben wir ausführlich in Kapitel 2 erarbeitet.
Der Teil mit der e-Funktion ist einfach, da sie, wie oben erwähnt, unverändert bleibt.

$$\int_1^3 (3x - 0{,}5e^x)\,dx = \left[\frac{3}{2}x^2 - 0{,}5e^x\right]_1^3 = F(3) - F(1)$$

$$= \left(\frac{3}{2}3^2 - 0{,}5e^3\right) - \left(\frac{3}{2}1^2 - 0{,}5e^1\right)$$

$$= 3{,}457 - 0{,}141$$

$$= 3{,}316$$

2) Wir bestimmen erneut die Stammfunktion:

$$\int_0^3 (x^3 + 4e^x - 3x^2)\,dx$$

$$F(x) = \frac{1}{4}x^4 + 4e^x - x^3$$

$$\int_0^3 (x^3 + 4e^x - 3x^2)\,dx = \left[\frac{1}{4}x^4 + 4e^x - x^3\right]_0^3 = F(3) - F(0)$$

$$= \left(\frac{1}{4}3^4 + 4e^3 - 3^3\right) - \left(\frac{1}{4}0^4 + 4e^0 - 0^3\right)$$

$$= 73{,}59 - 4$$

$$= 69{,}59$$

Die weiteren Aufgaben des Mathebuchs entsprechen vom Lösungsweg denen aus Kapitel 2, mit der Abwandlung, dass nun ein e-Anteil vorhanden ist. Dieser sollte dich nun aber weder weiter stören noch irritieren.

3.3 Natürlicher Logarithmus – Ableitung von Exponentialfunktionen

LERNZIELE:

- **natürliche Logarithmen**

Wie versprochen nun zunächst die Ableitungsregel für $f(x) = e^{kx}$ bzw. zur Stammfunktion. Diese ist auch nicht sonderlich spannend:

$$f(x) = e^{kx}$$

$$f'(x) = k \cdot e^{kx}$$

$$F(x) = \frac{1}{k} e^{kx}$$

Eigentlich sind dieses die allgemeinen Regeln, die natürlich auch für $k = 1$ gelten und hätte ruhig schon im letzten Kapitel erwähnt werden dürfen.

Kommen wir zu den natürlichen Logarithmen. Diese Logarithmen haben die **Basis e** und werden mit **ln** abgekürzt (findest du auf deinem GTR). Wenn ich z. B. $e^x = 5$ ausrechnen möchte, verwende ich den natürlichen Logarithmus:

$$e^x = 5$$
$$x = ln(5)$$

Man könnten nun x ersetzen und $e^{ln(5)} = 5$ schreiben.

Allgemein geschrieben ist die Lösung der Exponentialgleichung

$$e^x = b$$

der **natürliche Logarithmus** von b

$$x = ln(b)$$

Es gilt damit

$$e^{ln(b)} = b$$

Dieses Regeln machen wir uns nun zu Nutze, um beliebige Exponentialfunktionen ableiten zu können.

Nehmen wir die Funktion $f(x) = a^x$.
Wir könne a ersetzen durch

$$a = e^{ln(a)}$$

Wir haben also:

$$f(x) = a^x = e^{ln(a) \cdot x}$$

Und hierfür können wir unsere Ableitungsregel anwenden:

$$f'(x) = ln(a) \cdot e^{ln(a) \cdot x}$$

$$f'(x) = ln(a) \cdot a^x$$

Die dazugehörige Stammfunktion lautet:

$$F(x) = \frac{1}{ln(a)} \cdot e^{ln(a) \cdot x}$$

$$F(x) = \frac{1}{ln(a)} \cdot a^x$$

Wie du siehst, ist es gar nicht so kompliziert, beliebige Exponentialfunktionen abzuleiten bzw. zu integrieren.

Bevor wir ein paar Übungen dazu machen, hier noch grundsätzliche Eigenschaften zu Exponentialfunktionen der Form $f(x) = c \cdot e^{kx}$:

- $f(0) = c$ für alle $k \in \mathbb{R}$

- f hat **keine Nullstelle**!

- Für c > 0:
    - Graph verläuft **oberhalb** der x-Achse
    - Graph ist **linksgekrümmt**

- Für c < 0:
    - Graph verläuft **unterhalb** der x-Achse
    - Graph ist **rechtsgekrümmt**

- Für c > 0 und k > 0
    - streng monoton fallend
    - $\lim\limits_{x \to +\infty} f(x) = +\infty$
    - $\lim\limits_{x \to -\infty} f(x) = 0$

- Für c > o und k > o

    o   streng monoton steigend
    o $\lim\limits_{x \to +\infty} f(x) = 0$
    o $\lim\limits_{x \to -\infty} f(x) = +\infty$

Kommen wir nun endlich zu den Übungen. In Prinzip sind es alles ähnlich Aufgabentypen, wie in den letzten Kapiteln.

S.97; 2   *A) Bestimme die ersten beiden Ableitungen:*

1) $f(x) = \left(\dfrac{1}{5}\right)^x$ *2)* $f(x) = 3e^x - 4 \cdot 7^x$

1) Wir schreiben die Funktion mit der Basis e:

$$f(x) = \left(\frac{1}{5}\right)^x$$

$$f(x) = e^{ln\left(\frac{1}{5}\right)\cdot x}$$

Nun können wir ableiten:

$$f'(x) = \ln\left(\frac{1}{5}\right) \cdot e^{ln\left(\frac{1}{5}\right)\cdot x}$$

$$f''(x) = \ln\left(\frac{1}{5}\right) \cdot \ln\left(\frac{1}{5}\right) \cdot e^{ln\left(\frac{1}{5}\right)\cdot x} = \ln\left(\frac{1}{5}\right) \cdot \left(\frac{1}{5}\right)^x$$

$$f''(x) = \left(\ln\left(\frac{1}{5}\right)\right)^2 \cdot e^{ln\left(\frac{1}{5}\right)\cdot x} = \left(\ln\left(\frac{1}{5}\right)\right)^2 \cdot \left(\frac{1}{5}\right)^x$$

2) Wir sparen uns dieses Mal die Umformung und leiten ab:

$$f(x) = 3e^x - 4 \cdot 7^x$$

$$f'(x) = 3e^x - 4 \cdot \ln(7) \cdot 7^x$$

$$f''(x) = 3e^x - 4 \cdot (\ln(7))^2 \cdot 7^x$$

B) Bestimme mittels der Ableitungsfunktion die Tangentengleichung Für den Punkt P: S.97; 3

$$1)\ f(x) = \left(\frac{1}{5}\right)^x ; P(-2|25) \qquad 2)\ f(x) = x^2 - 8^x ;\ P(2|f(2))$$

1) Diese Art der Aufgabe haben wir in der Vergangenheit schon recht oft lösen müssen. Legen wir also los.
Die Steigung der Tangente des Punktes P entspricht der 1. Ableitung in dem Punkt:

$$f(x) = \left(\frac{1}{5}\right)^x$$

$$f'(x) = \ln\left(\frac{1}{5}\right) \cdot \left(\frac{1}{5}\right)^x = m$$

Wir setzen x = -2 ein und erhalten:
$$m = -40{,}2$$

Fehlt uns nur noch der Achsenabschnitt. Wir setzen Punkt P ein:

$$y = -40{,}2 \cdot x + n$$

$$25 = -40{,}2 \cdot (-2) + n$$

$$n = 0{,}311$$

Und fertig sind wir:
$$y = -40{,}2 \cdot x + 0{,}311$$

2) Wir können diese Aufgabe genauso lösen. Doch zunächst rechnen wir den y-Wert des Punktes P aus:

$$f(x) = x^2 - 8^x$$

$$f(2) = 2^2 - 8^2$$

$$f(2) = -60$$

Unser Punkt P hat die Koordinaten (2|-60)

Dann lass uns ableiten, damit wir die Steigung der Tangente berechnen können:

$$f(x) = x^2 - 8^x$$

$$f'(x) = 2x - \ln(8) \cdot 8^x = m$$

Wir setzen unseren Punkt P ein:

$$m = 2 \cdot 2 - \ln(8) \cdot 8^2$$

$$m = 60$$

Wir haben also bisher:

$$y = 60x + n$$

Fehlt wieder nur der Achsenabschnitt. Dafür setzen wir wieder unseren Punkt P in die Tangentengleichung ein:

$$-60 = 60 \cdot 2 + n$$
$$n = -180$$

Die Tangentengleichung des Punktes P lautet:

$$y = 60x - 180$$

So weit, so gut. Dann schauen wir uns als nächstes die Bildung von Stammfunktionen an.

S.97; 4

C) Bestimme folgende Integrale:

1) $\int_1^2 (e^{5x})dx$ *2)* $\int_{-1}^1 (4 \cdot 3^x)dx$

1) Wir wenden einfach unsere Regel für die Stammfunktion an:

$$F(x) = \frac{1}{k}e^{kx}$$

$$F(x) = \frac{1}{5}e^{5x}$$

$$\int_{1}^{2} (e^{5x})\,dx = \left[\frac{1}{5}e^{5x}\right]_{1}^{2} = F(2) - F(1)$$

$$= \left(\frac{1}{5}e^{5\cdot2}\right) - \left(\frac{1}{5}e^{5\cdot1}\right)$$

$$= 4405 - 29{,}7$$

$$= 4375{,}3$$

2) Die dazugehörige Regel zur Bildung der Stammfunktion lautete:

$$F(x) = \frac{1}{ln(a)} \cdot a^{x}$$

$$F(x) = 4 \cdot \frac{1}{ln(3)} \cdot 3^{x}$$

$$\int_{-1}^{1} (4 \cdot 3^{x})\,dx = \left[4 \cdot \frac{1}{ln(3)} \cdot 3^{x}\right]_{-1}^{1} = F(1) - F(-1)$$

$$= \left(4 \cdot \frac{1}{ln(3)} \cdot 3^{1}\right) - \left(4 \cdot \frac{1}{ln(3)} \cdot 3^{-1}\right)$$

$$= 10{,}92 - 1{,}21$$

$$= 9{,}71$$

Ich hoffe, das war jetzt kein Problem für dich.
Zu Abschluss des Kapitels noch eine Aufgabe, bei der Flächen zwischen zwei Funktionen berechnet werden sollen, wie wir es bereits in Kapitel 2.5 ausführlich durchgenommen haben.

S.98; 5   **D) Berechne die markierte Fläche**

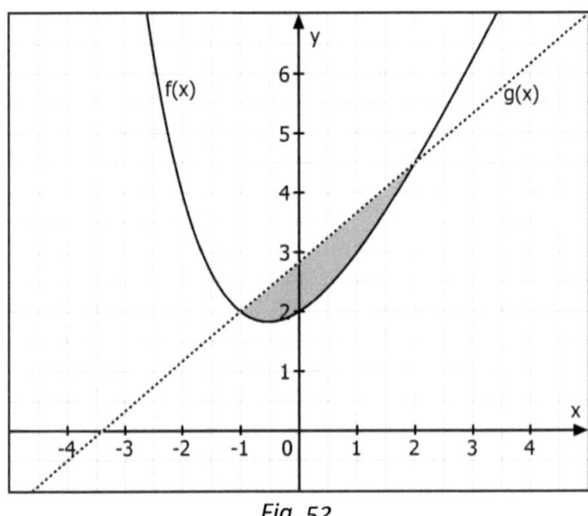

Fig. 52

$$f(x) = 2 \cdot 0{,}5^x + 2x \quad ; \quad g(x) = \frac{5}{6}x + \frac{17}{6}$$

mit den Schnittpunkten bei $x = -1$ und $x = 2$.

Wie du dich vielleicht noch erinnerst, berechnet sich eingeschlossenen Fläche wie folgt:

$$A = \int_a^b g(x)\,dx - \int_a^b f(x)\,dx$$

$$A = \int_{-1}^2 \left(\frac{5}{6}x + \frac{17}{6}\right) dx - \int_{-1}^2 (2 \cdot 0{,}5^x + 2x)\,dx$$

Bestimmen wir die jeweilige Stammfunktion:

$$F_g(x) = \frac{5}{12}x^2 + \frac{17}{6}x$$

$$F_f(x) = \frac{2}{\ln(0{,}5)}\,0{,}5^x + \frac{2}{3}x^2$$

Nun können wir die einzelnen Integrale Berechnen

$$\int_{-1}^{2} \left(\frac{5}{6}x + \frac{17}{6}\right) dx = \left[\frac{5}{12}x^2 + \frac{17}{6}x\right]_{-1}^{2}$$

$$= F_g(2) - F_g(-1)$$

$$= \left(\frac{5}{12}2^2 + \frac{17}{6}2\right) - \left(\frac{5}{12}(-1)^2 + \frac{17}{6}(-1)\right)$$

$$= 7,333 - (-2,417)$$

$$= 9,750$$

$$\int_{-1}^{2} (2 \cdot 0,5^x + 2x)\,dx = \left[\frac{2}{\ln(0,5)}0,5^x + \frac{2}{3}x^2\right]_{-1}^{2}$$

$$= F_f(2) - F_f(-1)$$

$$= \left(\frac{2}{\ln(0,5)}0,5^2 + \frac{2}{3}2^2\right) - \left(\frac{2}{\ln(0,5)}0,5^{-1} + \frac{2}{3}(-1)^2\right)$$

$$= 1,9453 - (-5,104)$$

$$= 7,049$$

Damit ergibt sich eine Fläche von:

$$A = 9,75 - 7,05$$

$$A = 2,70$$

So, dass soll mal wieder genügen.
Kommen wir zum letzten Kapitel des 1. Teils.

3.4 Exponentialfunktionen im Sachzusammenhang

LERNZIELE:
- **Wachstumsgeschwindigkeit**
- **Halbwertzeit, Verdopplungszeit**

Eigentlich gibt es nun nichts neues mehr in diesem Kapitel. Wir wiederholen daher noch einmal:

Ein exponentielles Wachstum oder Abnahme liegt vor, wenn ein Bestand in gleichen Zeitabschnitten um den gleichen **Wachstumsfaktor a** zu- bzw. abnimmt.

Zu einem **Zeitpunkt t** kann man den **Bestand** berechnen nach

$$f(t) = f(0) \cdot a^t$$

bzw.

$$f(t) = f(0) \cdot e^{ln(a) \cdot t}$$

$$f(t) = f(0) \cdot e^{k \cdot t} \quad mit \; k = ln(a)$$

Die 1. Ableitung beschreibt die **Wachstumsgeschwindigkeit** zum Zeitpunkt:

$$f'(t) = f(0) \cdot ln(a) \cdot e^{ln(a) \cdot t}$$

$$f'(t) = f(0) \cdot k \cdot e^{k \cdot t} \qquad mit \; k = ln(a)$$

Hat sich ein Anfangsbestand verdoppelt, so nennt man diese Zeit die **Verdopplungszeit T_V**.

Hat sich ein Anfangsbestand halbiert, so nennt man diese Zeit die **Halbwertszeit T_H**.

Jetzt kann man hiermit ein paar Spielereien vornehmen:

$$f(T_V) = f(0) \cdot e^{k \cdot T_V}$$

Und da es sich ja verdoppelt hat, kann man sagen:

$$f(T_V) = f(0) \cdot e^{k \cdot T_V} = f(0) \cdot 2$$

Damit haben wir:

$$e^{k \cdot T_V} = 2$$

Wir logarithmieren beide Seiten

$$k \cdot T_V = ln(2)$$

$$\boldsymbol{T_V = \frac{ln(2)}{k}} \ \ mit \ k > 0$$

Entsprechend erhalten wir für die Halbwertszeit T_H

$$\boldsymbol{T_H = \frac{ln\left(\frac{1}{2}\right)}{k}} \ \ mit \ k < 0$$

Abschließend gehen wir noch einen Schritt weiter.
Es kann sich nicht nur der Anfangsbestand innerhalb der Verdopplungszeit verdoppeln bzw. während der Halbwertszeit halbieren, sondern dieses gilt für jeden x-beliebigen Bestand.

Wir überprüfen die Richtigkeit dieser Aussage:

$$f(x + T_V) = f(0) \cdot e^{k \cdot (x + \overline{T_V})}$$
$$f(x + T_V) = f(0) \cdot e^{k \cdot x} \cdot e^{k \cdot T_V}$$
$$f(x + T_V) = f(x) \cdot e^{k \cdot T_V}$$
$$f(x + T_V) = f(x) \cdot 2$$

Für die Halbwertzeit berechnet sich auf gleichem Weg:

$$f(x + T_H) = f(x) \cdot \frac{1}{2}$$

D.h., wir haben damit bewiesen, dass tatsächlich ein beliebiger Bestand
nach der Verdopplungszeit sich verdoppelt, bzw. in der Halbwertzeit sich
halbiert.

Zum Abschluss, wie gewohnt, ein paar Übungen zur Vertiefung.

S.101; 3 *A) Das Wachstum einer Algenart wurde mit $f(x) = 10 \cdot 1{,}7^x$ ermittelt, wobei x die Zeit in Tagen nach der ersten Zählung angibt.*

1) Nach wieviel Tagen haben sich die Algen verdoppelt?

2) Wieviel Algen waren es 2 Tage vor der Zählung und 2 Tage nach der Zählung?

3) Bilde f'(0) und f'(8) und erkläre, was der Wert aussagt.

1) Gesucht ist hier also die Verdopplungszeit T_V. Wir nutzen unsere Formel für die Verdopplungszeit:

$$T_V = \frac{ln(2)}{k} \qquad mit\ k = \ln(1{,}7)$$

$$T_V = \frac{ln(2)}{\ln(1{,}7)}$$

$$T_V = 1{,}306$$

Nach ca. 1,3 Tagen hat sich die Anzahl der Algen verdoppelt.

2) Wir setzen einfach ein:

$$f(x) = 10 \cdot 1{,}7^x$$

$$f(-2) = 10 \cdot 1{,}7^{-2}$$
$$f(-2) = 3{,}46$$

$$f(2) = 10 \cdot 1{,}7^2$$
$$f(2) = 28{,}9$$

3) Bilden wir zunächst die erste Ableitung:

$$f(x) = 10 \cdot 1{,}7^x$$
$$f'(x) = 10 \cdot \ln(1{,}7) \cdot 1{,}7^x$$

$$f'(0) = 10 \cdot \ln(1{,}7) \cdot 1{,}7^0$$
$$f'(0) = 5{,}31$$

$$f'(8) = 10 \cdot \ln(1{,}7) \cdot 1{,}7^8$$
$$f'(8) = 370{,}2$$

Beide Werte geben die Wachstums<u>geschwindigkeit</u> zu dem jeweiligen Zeitpunkt an.

B) Bis zu Jahr 1900 wurde 1 Milliarde Sterne entdeckt, 1950 waren es 2,5 Milliarden (fiktive Annahmen).   S.102; 7

1) Modelliere den Entdeckungswachstum durch eine Exponentialfunktion.

2) Vergleiche mit den Daten 2000 (7,5 Milliarden) und 1850 (0,38 Milliarden).

1) Sehen wir uns an, was wir haben:
$$f(0) = 1$$
$$f(50) = 2{,}5$$

Eine Exponentialfunktion hat allgemein die Form:
$$f(t) = f(0) \cdot a^t$$

Dann setzen wir mal ein, um den Faktor a zu berechnen:
$$f(50) = f(0) \cdot a^{50}$$

$$2{,}5 = 1 \cdot a^{50}$$

$$a = \sqrt[50]{2{,}5}$$

$$a = 1{,}0185$$

Damit haben wir unsere Exponentialfunktion (Anzahl in Milliarden):
$$f(t) = 1 \cdot 1{,}0185^t$$

2) Wir berechnen, welchen Wert wir für das Jahr 2000 erwarten:

$$f(t) = 1 \cdot 1{,}0185^t$$

$$f(100) = 1 \cdot 1{,}0185^{100}$$

$$f(100) = 6{,}35$$

Unser Exponentialfaktor ist zu klein. Um auf die 7.5 Milliarden zu kommen, müsste er sein:

$$f(100) = 1 \cdot a^{100}$$

$$7{,}5 = a^{100}$$

$$a = \sqrt[100]{7{,}5}$$

$$a = 1{,}0203$$

Rechnen wir noch den Wert für das Jahr 1850 aus:

$$f(t) = 1 \cdot 1{,}0185^t$$

$$f(-50) = 1 \cdot 1{,}0185^{-50}$$

$$f(100) = 0{,}400$$

Dieser Wert liegt in der Größenordnung der Zählung von 1850.

So, ich finde das reicht. Wie gesagt, alle Aufgaben sind vom Typ her schon bekannt. Damit haben wir auch diesem Abschnitt geschafft.

4 Nachwort

So, ein Drittel ist geschafft!

Wie immer habe ich mich bemüht, alles recht genau zu erklären und es an den Beispielaufgaben zu erläutern. Ich hoffe, dass das mir auch dieses Mal gelungen ist und du mir gut folgen konntest. Und wenn du manches zweimal lesen musstest, ist das nicht ungewöhnlich. Du bist in der Oberstufe, da ist es alles etwas komplizierter. Aber in Kombination mit deinem Unterricht und dem Mathebuch sollte es spürbar leichter geworden sein, die gestellten Aufgaben zu lösen. Daher hoffe ich, dass deine Mathearbeiten zu deiner Zufriedenheit ausfallen.

Jetzt aber erst einmal eine kleine Verschnaufpause, bevor es weitergeht.

Wenn du irgendwelche Verbesserungsvorschläge hast, Fehler gefunden hast (die sich leider immer wieder mal einschleichen) oder sonst irgendetwas zum Buch loswerden möchtest, dann schreib mir unter: **Q.nrw@DocLambacher.de**.
Ich bin für jede Rückmeldung dankbar.

Dann bleibt mir nur noch, dir weiterhin viel Erfolg zu wünschen. Und vielleicht „sehen" wir uns ja im 2. Band mit weiteren „spannenden" Themen wieder.

Dein

Schlagwortverzeichnis

Anhang

Funktionsgraphen
erstellt mit: MatheGrafix 11 Pro

Stochastik-Darstellungen
erstellt mit: MatheGrafix 11 Pro

Bildnachweis

Coverbild:
„treppe-wendeltreppe-aufgang-stufen-8443 "
© Hans Braxmeier – Neu-Ulm
license free by pixabay; Download: 23.09.2021

Emojis: © Google
license free by Apache License 2.0

Sonstige Abbildungen wurden vom Autor erstellt.

Literaturverzeichnis
Lambacher Schweizer - Qualifikationsphase (NRW). (2015). Klett.